最设计丛书

Case Selection of
Office
Space
Design

办公空间设计案例精选

"最设计丛书"编委会　编

化学工业出版社
·北京·

本书是最设计丛书之办公空间设计分册。

本书集结了办公空间设计领域46个经典的案例。具体分为：去掉边界——探讨新时代办公方式、回归本真——反思建筑本初质感、关注自我——设计自己的办公空间等三大部分内容。每个案例有详细的设计说明、分部位图及细部图。

希望本书可以为每一位该领域的从业者、学习者提供借鉴、带来灵感、明确方向。

图书在版编目（CIP）数据

办公空间设计案例精选／"最设计丛书"编委会编.
—北京：化学工业出版社，2019.6
（最设计丛书）
ISBN 978-7-122-34121-1

Ⅰ．①办… Ⅱ．①最… Ⅲ．①办公室-室内装饰
设计-图集 Ⅳ．①TU243-64

中国版本图书馆CIP数据核字（2019）第051152号

责任编辑：李彦玲　　　　　　　　　　装帧设计：王晓宇
责任校对：王鹏飞

出版发行：化学工业出版社（北京市东城区青年湖南街13号　邮政编码100011）
印　　装：天津图文方嘉印刷有限公司
889mm×1194mm　1/20　印张13　字数401千字　2019年6月北京第1版第1次印刷

购书咨询：010-64518888　　　　　　售后服务：010-64518899
网　　址：http://www.cip.com.cn
凡购买本书，如有缺损质量问题，本社销售中心负责调换。

定　　价：99.00元　　　　　　　　　　版权所有　违者必究

"最设计丛书"编委会

组织机构

中国建筑装饰协会

中国国际空间设计大赛（中国建筑装饰设计奖）组委会

中国建筑装饰协会学术与教育委员会

深圳市福田区建筑装饰设计协会

中装新网

主任

中国建筑装饰协会执行会长兼秘书长　刘晓一

副主任

中国建筑装饰协会副秘书长、设计委员会秘书长　刘原

中国建筑装饰协会学术与教育委员会秘书长、中装新网总编辑　朱时均

深圳市福田区建筑装饰设计协会会长　余少雄

中国国际空间设计大赛（中国建筑装饰设计奖）组委会副主任、中装新

网副总编辑　仰光金　章海霞

化学工业出版社　李彦玲

本　册　主　编　章海霞

本册执行主编　陈韦

本册编委成员

毕知语　刘娜静　丁艳艳　李　艳　李二庆　李胜军　饶力维　张　超

本册特邀编委

北京林业大学硕士生导师　耿涛

湖南工业大学教授　吴魁

丛书前言

PREFACE

在中国，装饰设计是一门古老而又年轻的技艺。说它古老，西汉未央宫号称"椒房殿"，用花椒和泥涂壁，可以说是中国古代能工巧匠涂饰室内的著名案例。由此，也可上溯秦末，"五步一楼，十步一阁；廊腰缦回，檐牙高啄"的阿房宫的盛景。说它年轻，事实上，直到二十世纪八十年代，伴随着大型公共建筑的兴盛和星级酒店在国内的落地开花，中国方有了真正的现代设计。

中国第一批真正意义上的装饰设计师，除了为数不多的高校室内设计、环艺设计专业出身的设计师，更多的是从市场中野蛮生长的手艺人或美术爱好者，以及那些合资酒店的海外设计师的国内助手们。从借鉴到原创，从辅助设计到独立设计，在改革开放的建设热潮中，很多人开创了属于自己的一片天空，现在依然活跃在设计舞台。其中有一些已成为著名的设计师，做出了很多经典设计，他们的设计生涯，鼓舞着很多从事设计的年轻人。

到九十年代，伴随着经济增长和眼界的开阔，无论是出行还是居家，人们对所处环境的美观度有了更多的需求。在这个背景下，大批设计师走上一线，中国建筑装饰设计真正成了一个行业，涌现出大批精英设计师和优秀设计机构，他们设计的作品，大大提高了人们的生活水平和审美能力。

二十一世纪，是中国设计大发展的时候，如今，中国设计最好的那一批已经达到了世界一流水准，有些作品，从原创性，从设计感，从东方意境的表达上，已入化境，让人赞叹不已。

我们一直关注着中国装饰设计行业的发展，关注着中国装饰设计师的成长。自2007年开始，我们访谈了数百位优秀的一线设计师，在中国建筑装饰协会官方网站中装新网上设立"最设计"访谈栏目，从设计师的人生经历出发，展示他们的设计生涯和经典案例。代表中国装饰设计国家水平的中国国际空间设计大赛（中国建筑装饰设计奖），每年数百份优秀获奖作品，在中装新网以及相关公众号上展示。

我们推荐及展示的作品，涵盖近年来中国建筑装饰设计领域最具规模和影响力的大型公装作品及众多优秀家装设计作品。造价上亿元、面积逾万平方米的大体量参赛作品层出不穷，环保、创新的小型项目也各具特色。

这些优秀作品让我们欣喜不已，也让我们萌生了将优秀作品结集出版的念头。因此，我们按酒店、餐饮、办公、商业、文娱、家装等分类，每类精选40～50个优秀作品，结集成册。

在编辑的过程中，广大设计师踊跃参与，在文字介绍、图片提供上给予我们很多帮助，有的还选送了更新、更好的作品，在此一并感谢。

设计是一个逐步积累的行业，也是一个需要经验和借鉴的行业，看过的每一幅画，走过的每一个地方，读过的每一本书，都可能成为灵感的来源，愿我们这套充满着中国最好的那一批一线设计师智慧的案例集，能给每一位读者提供借鉴、带来灵感。

"最设计丛书"编委会

2018年9月

目录
CONTENTS

叁

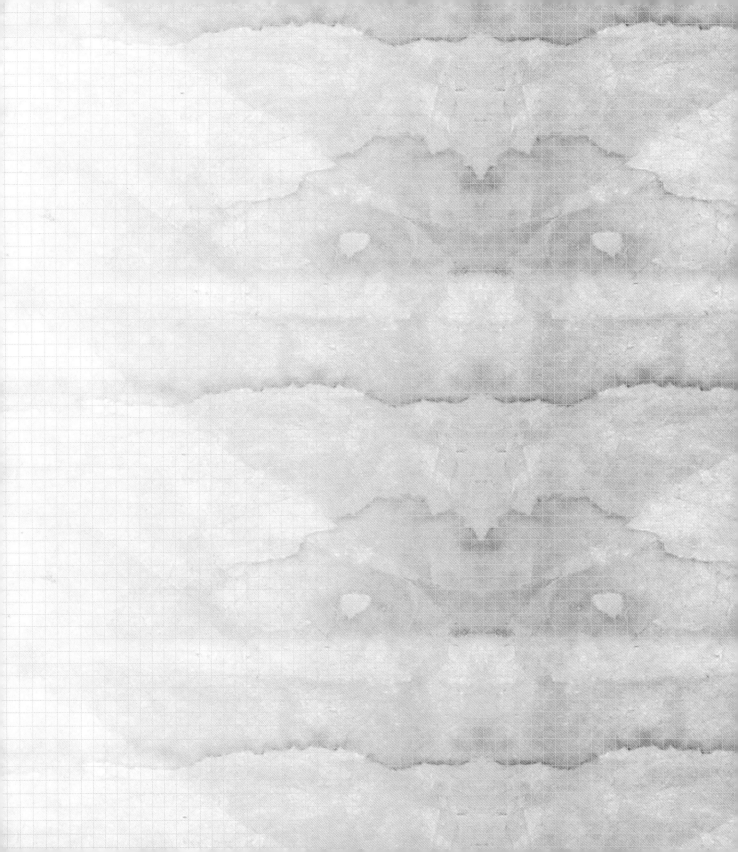

去掉边界

—— 探讨新时代办公方式

腾讯众创空间（南京）

灵动的空间布局展现出一个装载着创业者梦想并加速启航的开放平台

IDEAL 艾迪尔
DESIGN AND CONSTRUCTION

设计单位：
北京艾迪尔建筑装饰工程股份有限公司

项目简介

设计区域：全部区域

项目地址：南京市

项目面积：18000平方米

设计说明

腾讯众创空间是在开放平台的基础上升级，延续在开放平台中为创业者提供的服务，联合社会资源，从软硬件和创业条件等方面来打造更好的创业环境。其南京办公楼由艾迪尔上海设计团队倾情打造。

B6栋楼

设计理念以折纸、飞翔为出发点，在建筑内部空间用全新的表皮形态语言，以卷动的形式呈现了"透与轻"的属性，并在空间内动态地延伸。新的肌理以"点线面"为形式语言，通过实体的空间形态呈现。

从前台到背景墙及天花板的延伸，整个前厅及展厅运用了折纸的造型元素。主色调采用了腾讯的科技蓝，更加体现了现代科技质感。展厅通往咖啡厅的休闲区也以折纸的原理打造成既独立又开放的讨论屋，使休闲区更为有趣生动。展厅的天花板采用喷绘软膜，展现出星空的神秘质感，也体现出展厅的科技视觉效果。

整个中庭为本案的亮点。利用了建筑的结构优点，并为了更好地展示出每层的特色，采用了腾讯文化中的几个主色调，不同的色调代表着每层的空间色彩效果。为了使中庭的空间感更为突出并结合设计理念中的造型元素，每层楼板外立面及柱体，都运用了立体式折线的效果。与中庭对应的一楼休闲区也设计了三组采用地球轴线组合而成的有趣的休闲讨论区，既有开放的效果，又有一定的分割与隐私作用。

在一楼的沿窗休闲讨论区里，整面墙采用绿植装饰，与室外的绿化相呼应。咖啡厅的效果以简洁为主，地面采用了耐磨及耐清洁的灰色调地坪漆，家具及材料的选择也以暗色调为主，以迎合咖啡的色调。办公区内的茶水区是员工讨论休闲的区域，整个色调的运用营造出温馨放松的空间氛围。

电梯厅运用每层的主题色，并通过阴刻立体式的效果将每层的标识放大，体现出互联网公司的创意、时尚之风。

B5栋楼

本栋的空间设计运用了两个理念元素。一个是由"云"与"现代城市"的概念延伸而成的"科技云"，在造型上提取云和城市的形态，再结合具体的实用功能，创造出流线型的造型。这样的形体运用在展示区里，很好地诠释了科技与艺术的结合。另一个是"岩洞"与"自然水纹"结合而成的"空间壳"。造型上结合岩石洞穴的空洞和水的蜿蜒曲折，做成一个连贯的壳体造型，运用在空间里，形成一个新空间。

B5这栋楼的风格与B6栋相比较更为稳重些，一层主要是前厅接待区及咖啡厅、休闲区。在造型的运用上与B6栋的造型效果有一定的延续性。

每层的电梯厅都会有统一风格造型的LOGO展示墙及放大式表现效果的楼层标识，稳重中透着活泼、时尚之感。

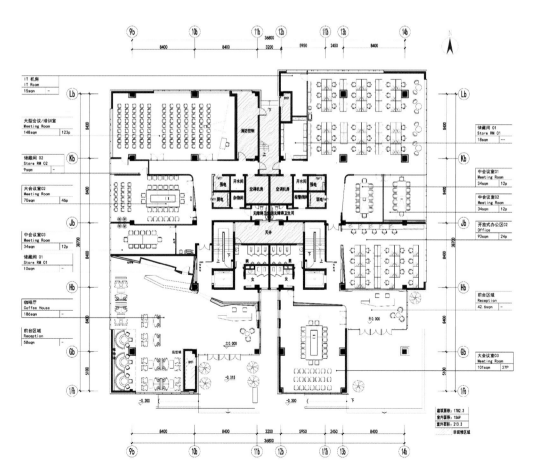

B5-1F

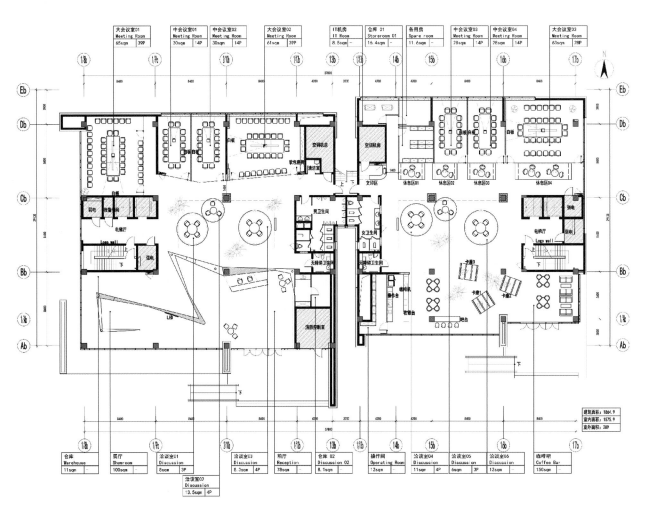

B6-1F

B5 前厅

B6 前厅

B6 办公区

B6 咖啡厅

B5 咖啡厅

报告厅

茶歇区

电梯厅

服务展示区

会议室

洽谈区

休闲讨论区

休闲讨论区

展厅

中庭

走廊

走廊

中播信息（北京）办公项目

来源于自然，来源于水和声音

主创设计师：

曹殿龙

北京建院装饰工程设计有限公司 设计总监

项目简介

参与设计师：王盟、李静、程明星、高文娟

项目所在城市：北京市

项目总面积：1300平方米

项目总造价：330万元

所用材料：博龙地毯、清大环艺、罗马岗石

设计说明

　　设计师希望打造能与自然亲和、无拘无束的办公环境，将自然、声音、绿色、科技、高效等新兴理念和主题，以形式和内容的变化之美展现科技与艺术的人文价值，为办公空间的室内设计创造便捷、高效、轻快的新生态，使之不仅能让人们在活跃创新的环境中工作、思考、会客、讨论、研究和交流，同时，又成为人们工作之余休憩放松、养精蓄锐以待厚积薄发，有效获取信息、激发灵感的地方。

　　本案的设计灵感来源于自然，来源于水和声音，设计元素及手法充分体现了新媒体创新企业特性及文化，营造出与企业相符的空间气质。

平面布置图

门厅

门厅

开放办公区

企业展厅

茶水区

会客区

头脑风暴区

企业展厅

头脑风暴区

休息区

北京十月初五影视传媒办公空间

我的甲方是"咪蒙"背后的90后

主创设计师：

崔树

设计总监：CUN寸DESIGN

项目简介

参与设计师：刘孝宇

项目所在地：北京市

项目总面积：1100平方米

摄影师：王厅、王瑾

设计说明

CUN寸DESIGN近年来凭借对创意办公环境的独特思考，在全球范围内斩获多项此类别金奖，迅速成为办公空间设计领域的一匹黑马。此项目是为新媒体大V咪蒙的新办公环境所做的设计！

在互联网极速发展的今天，在移动互联贯穿生活的当下，办公室这个名词绝对不是以前理解中的几张桌子、装上电脑、朝九晚五的样子。我们对这次设计有了新的思考。

NO.1模糊性

我们希望可以让更多职位和更多性格的人通过我们的空间设计，在办公室里找到自己的栖身之处，更重要的是找到安放心情的地方。于是我们在整个设计中，尽力去掉边界和比较硬朗的造型。比如空间中没有太多的界定，大家会在自己喜欢的区域停留，也会把这个停留作为自己的高效时段去完成工作。

NO.2 接纳性

特定的人群、特定的年纪、特定的行业，都会有他们比较定向的对环境的诉求，但是不同的个体也会有不同的喜好。正是这些形成了我们完成设计的一种方法——寻找同类项。

这次设计过程中，我们抓取了咪蒙和她的95后同事们的大部分诉求，并把这些诉求全部写在纸上，然后把大部分同类项归类，而后呈现出比如温暖活跃的颜色、轻松的气氛、偷懒的地方等等。

但是有些特殊要求也是最难的，比如咪蒙自己的办公室，比如前区怎么把入口、分享区和大堂集中在一起又不乱，这也成为我们研究和解决的重点。

最后我们用一个休息仓把办公室前区整体安排出来，并且前区又制作了山丘分享区，天花板上的企业LOGO把企业气质在此处加强也结合造型。所以我们更关注它对。不同人的接纳性！

NO.3 融化再冰冻手法

"寸"一直在创新中使用的手法——融化再冰冻！也就是说我们每次遇到一个常规命题空间，总会第一时间把常规的一些功能区全部打破。

比如会议室一定要有会议桌吗？办公室一定要用办公家具吗？前台和接待一定是在门口？办公环境一定要有隔断吗？我们把这些融化到最小单元模块，然后再去分析自有特点，并根据客户诉求和功能特性，以及企业特点做最新的组合！

设计不是简单地设计一个看得见的漂亮空间，更重要的是在其背后做的工作和更深的思考，也就是更新一些空间形式，这些形式会更适合当下，更适合业主，也更有活力，更有成长性和可能性。这才是做设计的根本，有了这些才有了这个空间独有的气质和特色。所以空间是属于咪蒙的，也属于95后的小伙伴，极其准确又极有特点，更重要的是极具变化性。这些全部来源于我们抛弃了经验，用融化功能和模块，然后重新冰冻成一个新事物。

比如我们融化了LOGO的字母，使它成为隔断，我们融化再组合了分享区和休息区，两者合二为一，我们融化了前台和分享区，它们重新被冰冻成咪蒙空间。我们融化了互动区和娱乐区，还有移动办公，把它们冰冻成两个竹子做成的办公营！我们融化掉小会议室和头脑风暴区，重新冰冻成两个胶囊工作仓！这些都会给办公环境带来更高效率和更新的感受！融化再冰冻方法给我们带来了很多，也让空间更有可能性！

NO.4 新媒体的年轻人

其实人与空间物品的关系相对还是传统和稳定的，但是年轻人对这些关系的使用和生活方式在发生着新的诉求和新的变化！我们应该更关注时间和社会发生的变化，更关注新媒体的新变化，关注更年轻的客户的诉求。

看上去相似的空间与人，而设计能带来的，可能是全然不同的新的人与空间的关系，新的生产效率，新的公司文化。

十月初五影视传媒办公
SHIYUE MEDIA OFFICE

平面布置及人员流动图
FLOOR PLAN LAYOUT & CIRCULATION

① 入口　　　　　　　ENTRANCE
② 前台接待　　　　　RECEPTION
③ 多功能阶梯会议室　MULTIFUNCTIONAL CONFERENCE ROOM
④ 新媒休及运营部门　NEW MEDIA & OPERATION
⑤ 总经理办公室　　　MANAGER OFFICE
⑥ 商务及品牌　　　　BUSINESS & BRANDING DEPARTMENT
⑦ 职能部门 FUNCTION　FUNCTION DEPARTMENT
⑧ 电影制作部门　　　MOVIE PRODUCTION DEPARTMENT
⑨ 视频制作部门　　　VIDEO PRODUCTION DEPARTMENT
⑩ 会议室　　　　　　CONFERENCE ROOM
⑪ 休闲区　　　　　　LOUNGE
⑫ 太空舱休息室　　　CAPSULE LOUNGE
⑬ 卫生间　　　　　　TOILET & BATHROOM
⑭ 茶水间　　　　　　PANTRY ROOM
⑮ 洽谈室　　　　　　MEETING ROOM
⑯ 仓库及设备间　　　STORAGE & SERVER ROOM
⑰ 秋千　　　　　　　SWING
　■ 员工办公区　　　WORKSPACE
　■ 会议与洽谈区　　MEETING SPACE
　■ 休息区　　　　　LOUNGE AREA
➡ 楼梯　　　　　　　STAIR
➡ 电梯　　　　　　　LIFT
┅┅ 人员动线　　　　CIRCULATION

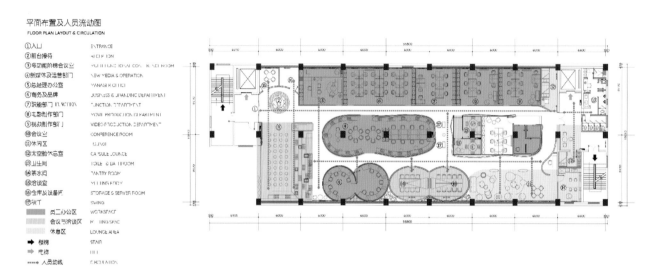

平面图

工作区

入口

前厅

前厅

前厅

工作区

工作区

胶囊工作仓外观

分享区

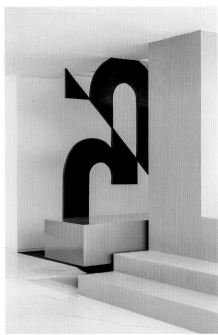

休息区一角

休息区

细节

休息区

秋千

秋千

LOGO 隔断

局部

博众精工科技股份有限公司

科技与创新，将"激发思维灵感"落到实处的现代办公空间

主创设计师：

童超

苏州金螳螂建筑装饰股份有限公司 院副总设计师

项目简介

项目所在地：苏州市

设计单位：苏州金螳螂建筑装饰股份有限公司

辅助设计师：高贺健、徐蓉、曹光绪、戴妮、吴鹏

项目总面积：102000平方米

项目总造价：10000万元

主要材料：地毯——Interface，EGE；装饰板——富美家，佰家丽
　　　　　吊顶——可耐福；家具——POSH，Herman Miller
　　　　　灯光——西顿照明；瓷砖——冠军瓷砖

设计说明

　　苏州博众精工科技有限公司新厂区是一个集研发、设计、生产于一体的高科技综合产业园。博众公司提供的自动化系统服务产品，本质是创新与科技。它最重要的基础是智慧而非机械设备。因此，产业园必须是尊重科技人才的空间，而不是一个仅仅为工作人员提供办公空间的场所。它不仅仅是一个带有办公室的厂区，更是一个尊重人才、科技、自由，并能够最大限度激发创造力的绿色办公空间。

本案的设计理念：科技、智能、生态、人性。

　　大堂以白色为主，造型富于科技感，开门见山式地向来宾与员工诉说博众公司的现代化与科技感。流线型的吧台与机器人主题的展示台，在完成设计理念落地的同时，也完善了大堂实际使用时的功能需要。

　　大堂休息区作为大堂风格的延伸，仿若太空舱式的设计方案，进一步渲染了博众精工的科技氛围，墙面造型与灯光设计相结合，丰富了空间画面的层次感。

　　咖啡吧作为重要的休闲空间，依旧是曲线元素的形态语言，考虑咖啡吧的功能使用，在色彩上选择更加适合长时间洽谈与休息的颜色搭配。

　　开敞办公区的设计蕴含着设计师对创新、灵感的理解：创新所需要的是工作空间、休息空间、思考空间、交谈空间等多方面为一体的工作环境，提供合适恰当的头脑风暴区域，因此在二、三、四层的开敞办公区域，合理设置了多种功能的空间。除此以外，在造型上依据楼层以及研发部门的不同，在各层依次设计了沙漠、冰川、绿洲等主题办公区域，并且大胆采用五边形的办公位，在满足人数需要的同时，使得办公环境更加灵动、活跃，顶面造型与五边形办公位相互呼应，虚实结合，让人眼前一亮。

　　图书馆设计包含波浪形顶面与环形阅读区，与整体的设计元素相统一。报告厅座椅采用同色系的跳色，与地毯颜色相互呼应，完善整幅画面。

　　董事长办公区在继承整体设计基调的同时，增添富含个人色彩的中式文化元素。在后期的施工调整中，进一步明确"佛文化"的设计主题。

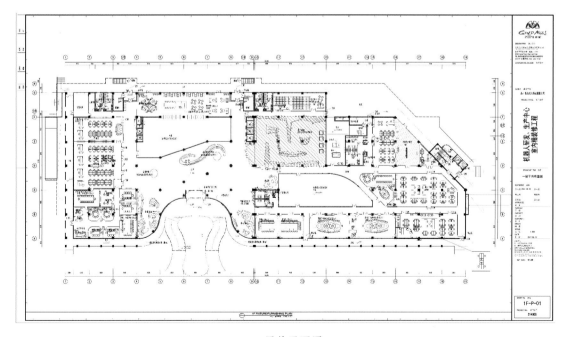

一层总平面图

大堂

大堂

大堂休息区

大堂休息区

开敞办公区

开敞办公区

开敞办公区

开敞办公区

报告厅   报告厅

会议室   简报室

咖啡吧

咖啡吧

卫生间

神州优车集团新总部

"超级互联"办公系统

设计单位：
艾迪尔

项目简介

项目地点：北京市

建筑面积：20000平方米

设计团队：罗劲、张晓亮、莱依、唐哲、李立立、王文惠、李辉

机电团队：黄桂安、吴子荣、马跃

环境平面设计：齐若希、林嘉怡

项目摄影：陈瑶、李明

设计说明

　　神州优车集团是中国出行和汽车领域领先的综合服务平台，旗下包含神州租车、神州专车、神州买买车、神州车闪贷四大业务。神州优车集团新总部的设计引入了"超级互联"的概念。"超级互联"办公系统的核心就在于：发挥办公空间的开放性和包容性，功能高度复合；营造场景化的办公方式，激活工作热情，提升创造欲望；搭建高度联通的精神和物理层面的办公环境，促进内部沟通，增加相互联系，通过对于"超级互联"精神的探索，整个企业的价值观也能够充分得以体现。

　　神州优车集团新总部由原金五星购物广场改造而来，改造后建筑面积20000平方米，整体结构形式为钢架结构，共2层，局部有夹层，共可容纳将近1700人办公。艾迪尔对原有厂房空间进行了自外而内的梳理和改造，建筑外立面保留了原有的钢结构框架，整体覆盖黑色镂空钢板，并穿插了两个盒子体量的建筑空间，一层是咖啡厅，二层是悬挑出来的走廊，通透的玻璃材质让这两个盒子体量的空间就像广告橱窗一样，对外展示着员工忙碌工作的身影。

　　从正门进入新总部，正对入口处是一个通高的巨大中庭，顶部天光倾泻而下，笼罩在中庭的水景上，一帘瀑布自上而下泻入水池。中庭两侧是由铁制和木制集装箱打造的展示会议区，穿插挑出到水面上，使置身其中的人能够享受到中庭的景观。

建筑首层空间被闸机分成两部分：对外的展示接待空间和对内的办公空间。闸机后面是一条主要道路，被称为"主街"，整个办公区的空间回路就是由这条主街和不同的分支路线所构成。

主街正对的是"神州大桥"，桥边的大台阶及攀岩壁则承担着重要的培训和交流功能。主健身房、快乐乒乓房和瑜伽房通透的玻璃墙面，让这个区域成为了空间里最为精彩的一部分。

最重要的部分是超级互联办公区域，几处楼板的打通，不但引入了自然天光，更带来了错层连通的无限可能。在这里不计其数的连桥、隧道、滑梯、索桥、绳网，串联起公司各个部门，也让穿行其间的过程不再枯燥乏味。

位于建筑顶部的高级管理区域，采用了合院式布局，办公室和会议室围绕着一个小小的院落空间布置，院中有怡人的绿植，优雅的茶台，富于禅意的枯山水。天光从屋顶开窗处倾泻而下，整个小院阳光明媚，让外来客人能有一个安静的交流洽谈场所。

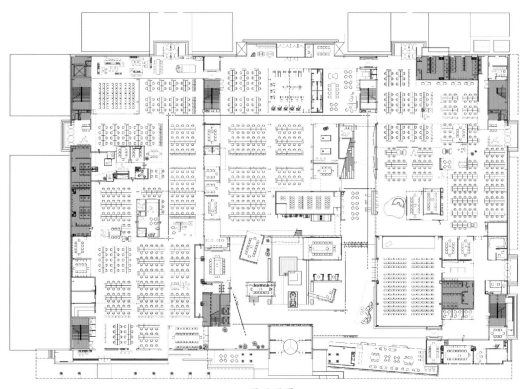

一层平面图

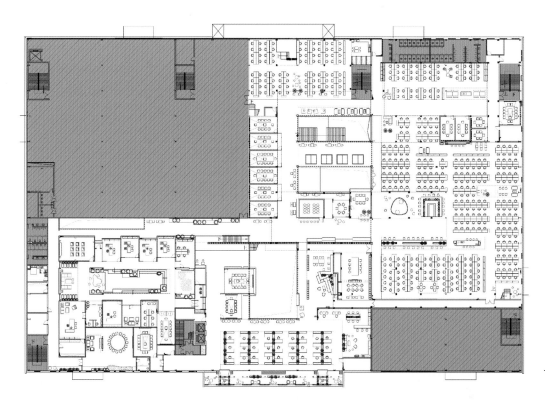

二层平面图

建筑外观

办公区

大台阶   大台阶   高管区

高管区

会议区

悬挑会议室

健身房

茶歇区

乒乓球室

咖啡厅

休息区

休息区

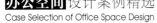

连桥   连桥

前厅

中庭

中庭

中庭

中庭

白金实验室

每个人都应该有一个属于自己的位置

主创设计师：

刘文奇

长九木原创家具品牌创始人、设计总监

项目简介

项目所在地：北京市

项目面积：260平方米

设计说明

　　白金作为自然界中最高贵的金属，是大自然赋予它的天然纯白，永不褪色。人作为创造性的存在，高贵的属性是思想，使之散发光芒，人之于世界唯思维与思想不可或缺。

　　由北京汇金盛华投资有限公司发起的白金实验室，是一个加速器。它在创业团队和中小企业中发掘有价值的部分，助力其成长。

空间位于曾被誉为国际现代艺术圣地的北京798地区，业主与设计师充分交流达成一个确切的空间环境定位：用鲜活、跳脱的并具有社会积极意义的思维来呈现，空间效果是一个思维方法的结果，放松且有张力。

　　为留有大空间状态，减少办公中的相互干扰。有计划地拆除隔墙、顶面、地面，谓不破不立，看似大开大合，实则有不露声色潜在的联系与逻辑。重新组织拆除下来的物料，有组织并大胆尝试其使用上的可能性。

在看似较为复杂的视觉表象下，设计者强调了严谨的立体"十"字，平面上的十字轴线与物料大量垂直使用而产生的垂直感，意欲突破、倾泻。

朴素无华的椅子，取名"位置"，设计者亲力打造，外观相同的椅子都会因每个人体的细微不同而调整贴合曲度，舒适感独一无二，每个人都应该有一个属于自己的位置。

在今天颇为纷乱复杂的万象中，空间环境设计以确切思维原点来传递人具有的高贵属性。

空间环境，思维的产物。

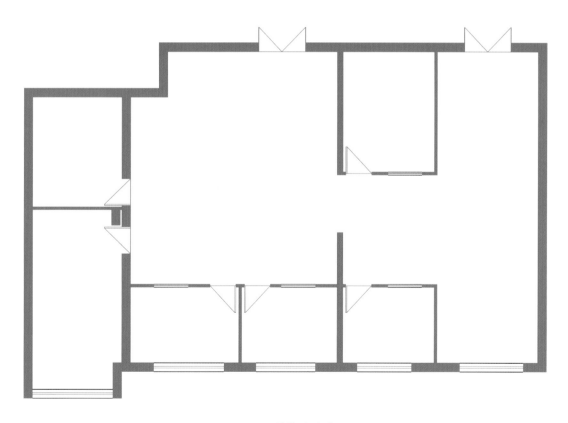

原始平面图

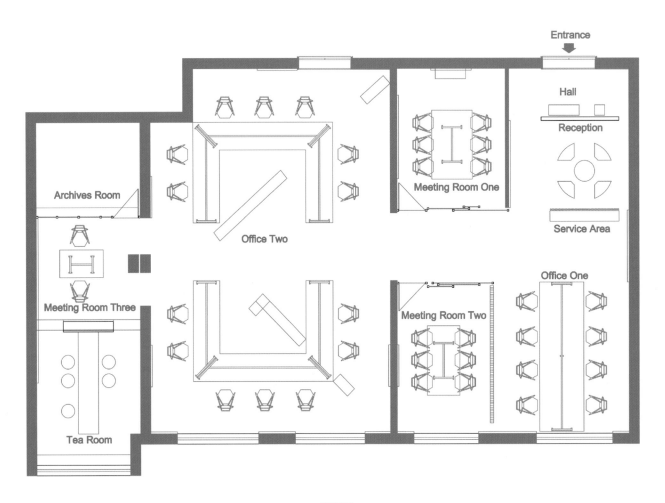

平面图

办公区域

办公区域

过道

会议室

会议室

局部

局部

讨论、休闲区

细节

欢聚时代珠海办公楼

室内外功能互动、海景共享、活力多元的办公场所

设计单位：
北京艾迪尔建筑装饰工程股份有限公司

项目简介

设计区域：室内和内庭院
项目所在城市：珠海市
项目总面积：20000平方米

设计说明

　　欢聚时代珠海新办公楼是一栋6层高的叠环形玻璃幕墙建筑，坐落在唐家湾海岸线之上，拥有得天独厚的海景景观。

　　整栋大厦的接待服务区设置在首层，是一个融入了开放展厅、会议及面试等功能的横向挑高空间。不同功能区以开放和半开放的形式套叠在一起，统一在浅暖色调的氛围中，传达出亲和、温馨的感觉。格栅虚透的背景墙将天光及庭院景观透入室内，为整个空间注入了自然生态的气息。

　　建筑标准楼层平面是一个近似圆的环形，外环三面朝海，内环对应内庭院。电梯井、设备间及疏散楼梯等建筑设施大小不同、间隔不等地分布在内环沿线，带来了并不规整的室内使用空间。

　　室内规划策略是沿内环建筑设备房间建立一堵环形墙，在每个办公楼层的内环设置了功能复合的共享交流区，不同的使用功能可以在同一空间中方便地切换。

　　开放办公区整体采用浅白色调，在环状楼层转折处的裸顶上点缀了环形和圆形的装饰灯，活跃空间的同时解决了条形灯在天花板扇面聚集不均的问题。

　　在办公楼层中，围绕生态、清新和科技的主题，设计了大小、风格各异的会议室及多功能厅等空间。

　　一条白色的三折楼梯连接了2～5层的内部空间，楼梯采用实体造型，除木色踏步外均为白色，像一组极具时尚感的雕塑，为整个通廊带来现代气息。

位于餐厅前区的售卖和咖啡区同样是一处开放空间，具有多种复合功能，对于售卖、休闲洽谈、YY礼品展示及举办各种活动来说，这里都是最佳的场地选择。这种温馨、简洁的风格也延续到了内部的餐厅，在餐厅中央区域设置了一处环形自助餐台，餐桌椅围绕四周，原木条带、马赛克及取餐岛岛头的食材图文，构成展示等细节元素的搭配，传达出洁净、自然和舒适的用餐空间。

在建筑六层设有健身中心及员工宿舍，开、合相间地设置了健身、瑜伽、桌球、游戏等功能区，体现了欢聚时代对员工细致入微的关爱。

对建筑围合的内庭院做了全新规划，沿庭院东西两侧分别设置了两组前后错落的花池，花池端头为条形座椅。内庭院的地面采用两种颜色、质感不同的户外砖抽象拼接，图案模拟海浪拍击沙滩的印记，在深色石材中央预留了多处涌泉，涌出的水花可以散落在泉点的周围，自然回收。在庭院正北侧的建筑格栅墙体内暗藏了大屏幕，夜色降临，可以通过对面二层的专业级投影进行电影播放，是一个独有的海边露天电影院。

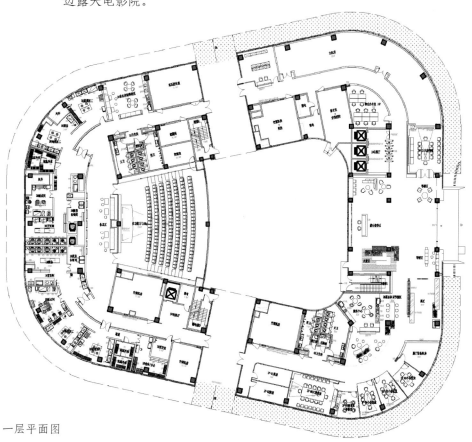

一层平面图

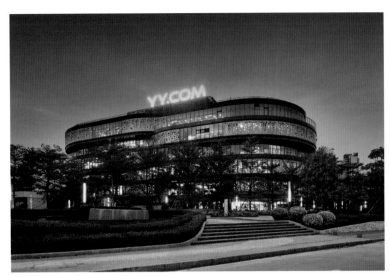

建筑外观

入 口

接待区

办公室

开放办公区

会议室

洽谈区

洽谈区

洽谈区

展厅

餐厅

茶歇区

茶歇区

排练厅

休闲区

休闲区

华米科技北京办公室

运动、科技、健康、时尚

设计单位：
北京艾迪尔建筑装饰工程股份有限公司

项目简介

项目地址：北京市
项目面积：1130平方米
项目完成时间：2017年1月

设计说明

　　华米科技北京公司新办公室内部空间开敞自由，功能设施丰富齐全。"体育运动实验室""流动办公岛""航海会议区"三个主要功能岛分布在办公区的不同位置，功能岛同幕墙交织出的空闲空间，具备共享休闲、茶水及洽谈会议等功能，方便员工的使用。

　　华米公司崇尚"海盗精神"，独特而富有深意，华米鼓励员工始终保持探索未知的欲望、永远孤独的思考、随时置身危险之中、保持战斗的常态。项目后期以此为主题进行了图形设计，应用在了贴膜、墙体美化等不同方面，并规划和预留了部分墙面，由华米员工参与绘制和制作墙绘和图案贴膜，效果生动非常。

　　布局规整、四方，从左至右依次为阶梯培训室、前厅、开放洽谈区和站立会议区等功能模块。这四组以会议为主的功能区之间采用不同形式的玻璃隔墙隔断，隔音但不阻挡视线，整个前区通透明亮，视觉空间层次丰富、延展。

　　阶梯培训室是由前厅等候长椅反转跌级而成，突出玻璃隔墙的部分是一个叠落的展台，上下渐变的白色贴膜将培训空间同前厅区域模糊隔开，又保持微妙联系。

　　体育运动实验室是一个位于开放办公区内部的水泥盒子，外观体块分明，内部却蕴含天机。实验室集健身、运动数据测试和采集、"米动直播间"等功能于一体，如同华米公司的心脏马达般源源不断地输送前进动力。

　　走道一侧设有体力恢复舱，方便员工短时休息。运动实验室的入口是华米员工自己手绘的星空主题墙面，寓意华米海盗舰队脱离地球母体航行在无际星系，无畏探索，任性前行。

楼层的最西侧设置有集中的"航海主题会议区"，集中会议室面对办公区立面，制作了一面巨大鲸鱼剪影彩膜，为整个办公区带来活力，同时带来会议私密性和增加写字白板的功能。

集中会议区同建筑外幕墙之间设有开放共享区，提供茶水、洽谈和站立会议等功能，同窗外的露台产生对话。开放办公区简洁、明亮，木构架结合垂直绿化围合的办公区，传达出自然、文艺的空间品质。

华米致力于智能可穿戴设备的研发，作为走在技术前沿的科技公司，华米的智能技术在办公室照明上也运用得非常巧妙。在需要智能控制的区域装扫描设备，佩戴小米手环就能实现灯光的控制。当扫描仪感应到小米手环的信号，即时发送信号到机房控制中心，从而控制电回路：人来灯亮，人走灯灭，真正实现了科技、智能、环保、节能的先进理念。

平面图

建筑外观

前厅接待区

走道

会议室　　　　　　　　　　　　　　　　　　　　会议室

会议室　　　　　　　　　　　　　　　　　　　　开放共享区

开放共享区

培训室

洽谈区

洽谈区

体育运动实验室

体育运动实验室

青岛海尔全球创新模式研究中心

山尖之峰

主创设计师：

曹殿龙

北京建院装饰工程设计有限公司 设计总监

项目简介

项目地点：青岛市

建筑面积：35452.73平方米

项目总造价：2.4亿元

主要材料：BOLON地毯、白麻花岗岩、星白大理石、铝板

设计说明

　　项目选址在青岛市崂山区东海东路以南，基地位于青岛两个重要的文化地点（青岛大剧院与奥林匹克帆船中心）之间，周边自然景致与人文环境俱佳。项目以"山尖之峰"为设计理念，灵感来源于青岛绿意葱茏的崂山与蓝色的海洋，契合青岛当地的自然环境特色。设计师抓住山体与海洋作为自然媒介与人文创新的内在联系。极具几何感的切面体块造型，在室内空间中灵活穿插运用点、线、面的美学组合，诞生出新的空间原型。而建筑的屋顶被塑造成阶梯景观，西北角和谐的下降与街道融合，其他三个角则高高举起，提供了远眺海洋的场所。屋顶形成了公共空间的延伸，让建筑更加融入城市，激活了有强烈公共空间性质的街道景色，在城市生活与企业文化展示活动之间建造出良性的互动关系。

　　空间平面布置方面，融入了智慧方舟与水晶钥匙的概念，体现所打造的一花一世界、一叶一菩提的空间属性。海纳百川，有容乃大。其功能涵盖序厅（科技之林）、综合展馆（神秘之海）、数字影院（浩瀚之星）、会议中心（智慧之峰）、创客办公（创意之岛）、商学院（思想之源）、餐厅（时光之岸）等。功能多而复杂，设计师提供了清晰开敞的组织形式。其"艺术长廊"坐落在建筑一层和二层下部,同时连接"探索区域"。探索区域是一个位于一层的流动空间,具有很高的自由度。"会议大厅"坐落在建筑抬高的东南角,通过在二层平面和三层平面的入口到达座席;IMAX影剧院坐落在底基层和二层平面之间,从地上建筑的各个层面均可到达。占据重要分量的"展览空间"位于北部中心轴线,连接在二层平面的"商务中心"。开放的办公区域和制作区域则坐落在建筑东北面抬高的角落,同时也位于主入口的上部。建筑西南角的抬高部分被设计为"图书馆",位于南部入口之上,与VIP休憩室和餐厅区域保持着紧密的连接性。

项目全程运用了BIM设计,通过BIM技术对立面造型、空间布局、内外部视线分析、参数化设计等多种方式进行方案控制,最大可能保证建筑实施效果。结构设计也是一个突破,23m大跨度+20m大悬挑+55°劲性钢斜柱+16块斜板屋面+台地结构,大量应用新技术、新材料、新工艺。采用绿色建筑理念,中水源热泵冷热源,新风静电过滤,去除PM2.5,严苛标准获得美国LEED金级认证。整个项目秉承海尔集团的文化理念,立足创新、发展,运用科技之光、水晶之灿展现科技之美、建筑之美、精神之美。

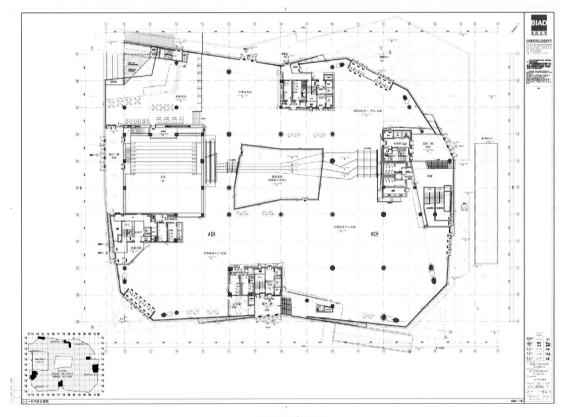

一层平面布置图

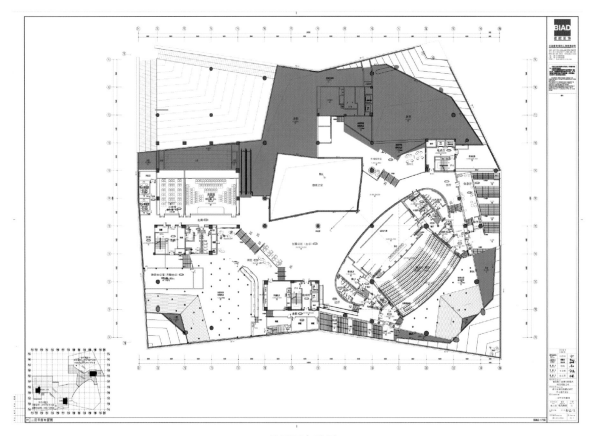

二层平面布置图

外观

一层序厅

一层序厅

一层序厅

一层综合展馆

一层综合展馆

一层综合展馆

一层扶梯

中心造景

阳光走廊

二层走廊

二层会议中心

二层创客办公区

二层创客办公区

二层创客办公区

二层商学院

北京恒通商务园B30项目

触摸清水混凝土的质感

张明杰

尤琳

主创设计师：

张明杰

北京筑邦建筑装饰工程有限公司（张明杰工作室）设计负责人

尤　琳

北京筑邦公司总公司（含景观公司）运营中心总经理

项目简介

辅助设计师：褚文敬、武玮

项目所在地：北京市

项目完成时间：2016年5月

项目总面积：350平方米

项目总造价：100万元

主要材料品牌：TOTO、星牌、龙牌、INTERFACE

设计说明

　　在这个约350平方米的二层独立砖混结构老房子里，引入了贯穿一层至二层的清水混凝土折面，将入口门厅、首层会议室、敞开楼梯间以及二层公共办公区有机串联在一起。

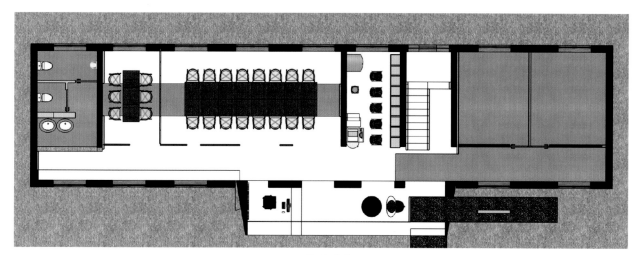

一层平面图

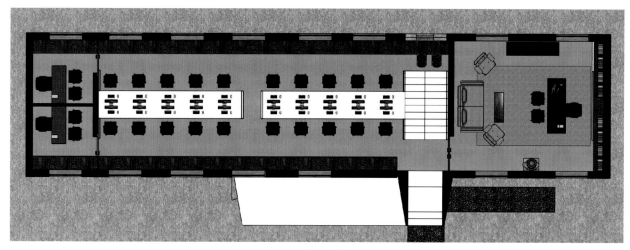

二层平面图

一层公共空间

接待前厅

楼梯（首层角度）

二层公共办公区

楼梯平台角度　　　　　　　　　　　　　　　　　　　二层混凝土窗洞

永川凤凰湖工业园众创空间

严谨与空灵之美

主创设计师：

张玉平

上海东昌建筑装饰设计有限公司 总经理兼设计总监

项目简介

项目所在城市：重庆市
设计区域：一楼、二楼
项目完成日期：2017年
项目总面积：1050平方米
项目总造价：1200万元

设计说明

　　站在大门外，不锈钢大门套线条挺拔简练，视线向上延展，外幕墙反射天空，把蓝天白云纳入画面中，使倒梯形不锈钢的雨棚愈加显得轻灵；暗藏在门头顶部的投光灯将LOGO投在不锈钢雨棚底部，整个画面显得清新高远。

　　一楼门厅内部，通过对原来的钢结构改造，把两楼间的过道变成一个具有接待、过渡功能的室外空间。具有人文气息的做旧的复合地板在梁、柱、地面上伸展，与两侧生机盎然的仿真植物墙交相呼应。在木纹铝方通与茶镜衬托下的短灯管严谨而有序地排列着，而大厅中央长条的灯管，如空中升腾一般飞舞，形成一张一弛，严谨与空灵的对比之美。

　　仰望上看可以看到二楼的会议室的窗口，通过可调光百叶窗来切换不同的功能需要。

　　大厅后的机房外形设计成独立的体块，与主楼自然形成员工的内部通道，通道侧边的烤漆玻璃可以供员工书写涂抹。

二楼的长江研究院入口门厅，迎面而来的是一大面混色的半透明的树脂墙面，把背后的自然光线朦胧地体现出来，使内厅光亮起来，把树脂墙背后的色彩艺术化渗透出来。厅左侧的做旧复合木地板、顶上的吸音板线条、长短各异的灯管，所有的这一切把视觉中心引导到了干净洁白的公司LOGO主背景墙上。

主过道中央用玻纤吸音板材料，利用传统草席编织的方式，利用传统文化的形的精粹来体现现代的紧密管理与团队协作关系。

过道的一侧是紧密排布整齐的工作位，另一侧是轻松多变、具有艺术人文关怀气息的活动工作位。

整个设计用了中国书画中的"疏可走马、密不透风"的原则，既有体现严谨高效的直线条工作位排布方式，又有灵动多变的组合的开放式临时工作位、咖啡区、健身区、洽谈区、会议区。

公共走道一头是现场定制的视错觉立体画，另外一侧是定制的壁灯。采用的是艺术化的XY轴的线条。

开放式办公区利用原有柱子设计成一堵墙，超白烤漆玻璃的饰面墙体与圆形的窗洞借用了传统庭院的借景手法。这个墙还整合了写字板、冰箱、洗手台面、咖啡区、洽谈区的功能。圆洞的两侧，底部的桌面寓意着流水，上面的吊灯如正在流动的白云。

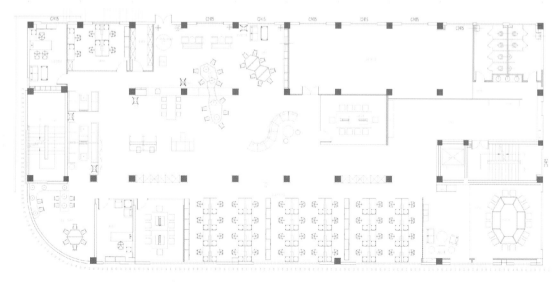

平面系统

一层大门入口

一层大厅

二层入口过道

二层公共区

二层公共区

二层公共区

二层公共区

二层公共区

二层公共区

前厅细节

前厅细节
前厅细节

二层公共区

入 口

休闲区

休闲区

造型中景

造型中景　　　　　　造型中景　　　　　　造型中景　　　　　　造型中景

总经理办公室

总经理办公室

总经理办公室

浙大网新恩普办公空间

时尚、现代，充满温馨与活力

主创设计师：
章楷
中国美术学院国艺城市设计艺术研究院 副院长

项目简介

项目所在地：杭州市
项目总面积：3000平方米
项目总造价：600万元

设计说明

　　网新恩普办公空间位于杭州浙大网新软件园内。该企业是一家软件开发服务公司，是我们通常理解的IT企业，这类企业办公密度高，工作强度大，如何营造一个现代轻松、时尚、和谐的办公空间，便成为这个设计的主题。在设计过程中，设计师在满足空间办公的功能前提下，尽可能为员工提供休闲、阅读、沟通的多功能空间，并在这类空间的营造中运用了一系列时尚、温馨的元素，使之成为空间的亮点。空间整体色调以白色系为主，使空间显得轻松、开朗。白色大理石、烤漆板等反光材料，又使空间多了一份时尚感。设计师从该企业的LOGO中提炼了蓝、橙两种主题色，为空间增添了一抹时尚的靓色。

　　整体空间时尚、现代又充满了温馨与活力，很好地诠释了网新恩普的企业文化，并使使用空间的人感觉实用与舒适。

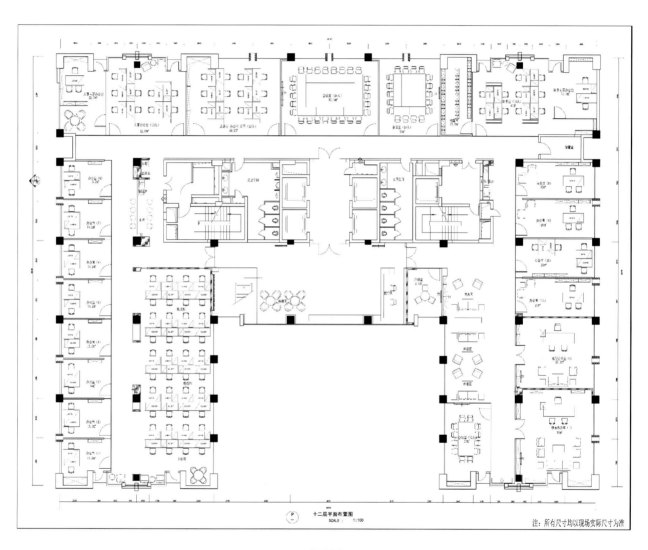

十二层平面布置图
SCALE： 1:100

注：所有尺寸均以现场实际尺寸为准

平面图

平面图

前台大厅

楼梯特写

大厅全景

大堂前台角度

隔断

二楼休息吧

休息大厅

吧台

小会议室

办公大厅

回归本真

—— 反思建筑本初质感

361度新总部办公大楼

361度，多一度热爱

设计单位：
深圳市文业装饰设计工程股份有限公司

主创设计师：

曾庆波

深圳市文业装饰设计工程股份有限公司 设计总监

项目简介

参与设计师：蒋禄川

设计区域：地下两层至地上九层

项目所在地：厦门市

项目总面积：27800平方米

项目总造价：5000万元

主要材料：满翰石材、深圳宝乐地毯、中冠家具木挂墙板、雅轩家具

设计说明

　　361度总部大楼位于厦门湖里高新技术园区，建筑地上九层，地下两层，总建筑面积约27800平方米。其中一层为大堂、展厅、多功能厅，二～八层为标准办公层，容纳近千人办公。九层为高层办公层及企业会所，地下一层为员工餐厅和车库，地下二层为车库。

　　在361度"多一度热爱"品牌精神的指引下，项目贯彻通透、开放、包容、进取的设计理念，结合整体建筑和园林设计，延伸至室内浑然一体，明快而简练，打造整个园区独有的开放共享空间。

　　办公层结合实际使用，采用组团式平面布局，分隔墙采用铝框玻璃隔断，和公共开放区形成最大化的通透联系交流，尽量使所有工作区都拥有充足的采光和怡人的对外视野。卫生间、茶水间、文印室等基础设施位于建筑的中心部位，更好地服务于周边办公人员。中庭穿插花园露台，赋予空间连接交流的新定义，形成在通透、明快的阳光下更丰富的办公空间环境。

　　设计化零为整，将原有琐碎的小空间和管道设备都隐藏于后，提升空间的整体美观。装饰主材为阳极氧化铝板、地毯、石材、乳胶漆。简练一体化的设计贯穿整个项目，从材质到细节收口简练，延续以企业红为指导色，白色为主色调，局部的家具陈设采用361度的标识色——橙色点缀，从而凸显出企业的理念和品牌价值。

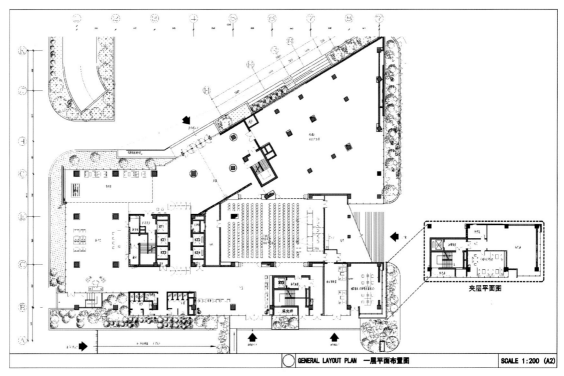

一层平面图

建筑及主入口

主入口大堂

大堂

大堂

电梯厅

标准层高管办公室

标准层开放办公区

董事层健身区

董事层休闲等候区

员工餐厅

中物院成都科技创新基地科研楼综合楼

现代、稳重、大气的科研办公氛围

主创设计师：

蒋伟

中国建筑西南设计研究院有限公司 副总建筑师

项目简介

项目所在地：成都市

项目总面积：26800平方米

项目总造价：3500万元

主要材料：铝单板（标榜）、A级透光膜（朗域）、成品玻璃隔断（驰瑞莱）、地毯（坦德斯）、地砖（尼罗格兰）

设计说明

　　本项目建筑设计分为四大板块：建筑、室内景观、室内装饰及幕墙。"创想源于自然"，建筑设计的理念主要体现在传统韵味的庭院空间、绿色生态的设计策略、内敛典雅的建筑形态、高效经济的科研功能。项目以绿色建筑2星为标准，运用CFD模拟分析，采用开式幕墙并结合天井，力求使内部庭院具有较好的通风、采光环境，为整个建筑提供了舒适的半室外公共空间。建筑立面以白色为主调，将传统庭院中菱形窗符号化，并通过参数化设计，生成极具韵律的表皮，典雅亦富有科技感，犹如漂浮于水面之上的智慧宝盒。

　　本次室内装饰设计，秉承与建筑、幕墙及室内景观环境融合的前提，为体现建筑设计的特色，结合了建筑外墙"窗"的元素特征，将菱形元素抽离、变形、组合排布，形成本次设计的独特元素与造型构成。与建筑、室内景观融合，形式统一，浑然一体。

　　内敛的科技元素在设计中加以运用，空间布局开敞、流动，营造出现代、稳重、

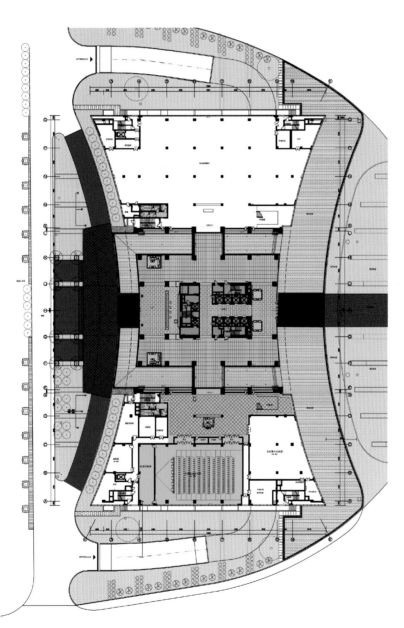

一层平面图

大气的科研办公氛围。无论从材质的质感，以及灯光的选择分布，都力求烘托出空间的科技氛围，打造出高效、高性能的科研办公场所。

在本次设计的材料运用中，亦不断探索、创新。材质运用绿色、环保，可实施度高。

A级印花透光膜的运用，不仅串联了各个空间的主题性，同时将均匀的泛光带入空间，带来了科技感十足的空间氛围。

印花不锈钢在吊顶上的肌理与颜色对比，也呈现出时尚、科技、大气的空间形态。

墙面木质挂板的干挂技术，使材料运用真正做到了可循环使用的环保特征，触感亲切、自然，与室内庭院的绿色、环保相辅相成。

在技术处理上的难点在于大厅的超高石材干挂技术，将非常规尺寸的大理石安全、牢固地固定，通过抗弯强度以及拉拔试验的精确计算与严谨的实验测试，完成从方案到施工的高实施性能。

本次设计，空间功能布局齐全，满足了现代化办公空间的多功能性与实用性，从室内装饰到设备末端都体现了现代5A级的高端办公空间。

大厅

接待台

接待台

大厅局部

大厅局部

电梯入口

电梯厅

电梯厅

休息区
室内平台

金螳螂商学院

打造国际化、现代化、人性化的空间设计氛围

主创设计师：
季春华
苏州金螳螂建筑装饰股份有限公司

项目简介

设计单位：苏州金螳螂建筑装饰股份有限公司
项目地点：苏州市
设计思路：重塑、改变、超越

设计说明

    金螳螂商学院整体设计思路是：重塑、改变、超越！充分提炼金螳螂商学院独特的文化内涵，将企业文化与校园文化有机植入，沉淀世界商学院人文传统，打造国际化、现代化、人性化的空间设计氛围。

    金螳螂凭借自身建筑装饰专长，以"叩响成功之门"为设计目标，向世界名校哈佛致敬，将这座百年建筑请进了苏州大学校园，与其传统德系建筑相互映衬。它不仅给整个校园带来更国际化的风范，更是一部向哈佛商学院致敬的作品。在彰显苏州大学海纳百川的文化底蕴的同时，勾画出学校百年与未来的发展路径。

    在内部装饰细节的刻画上，严格遵循"以人为本、绿色健康、节支降本"的设计宗旨；富有古老文化韵味的外形，以及现代的、略显时尚的内部装饰相结合，是设计的主导思想；在工艺、材质、软装、灯光等多专业设计领域，都有着极大的创新和融合，甚至在材质上大胆地使用了防火板和三聚氰胺板代替传统木饰面。

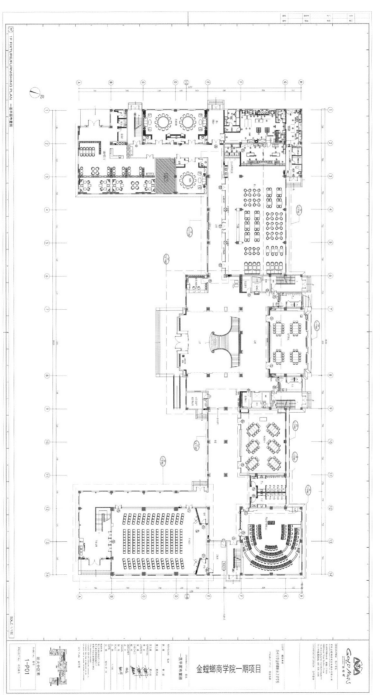

平面图（布局）

1F FIXTURE&FURNISHING PLAN 一层平面布置图

金螳螂商学院一期项目

GoldMag

外观

大门外侧

大门内侧

一楼挑空走廊

一楼大厅

餐厅

贵宾接待区

贵宾接待厅

阶梯教室

三楼书吧挑空区

书吧

书吧

咖啡厅

咖啡厅

咖啡厅

咖啡厅

鼎卓联合机构律师事务所

现代、简洁、优雅和生态化的前瞻设计理念

主创设计师：

辛志为

深圳市卓艺装饰设计工程有限公司 设计院副院长

项目简介

设计单位：深圳市卓艺装饰设计工程有限公司

项目所在地：深圳市

项目完成时间：2017年11月

项目总面积：2000平方米

项目总造价：480万元

主要材料：名木坊装饰材料、玉兰墙纸

设计说明

　　本项目是一个专注青年律师创业与办公社交的服务品牌，不仅仅满足办公需求，而且以精细化、定制化、智能化及服务化的运营管理模式，为青年律师和中小型律所提供一个全新创意体验与精细化定制服务的共享空间。在设计中，根据律师机构创客空间的特色，激发其自由精神，开源、共享机制，使得不同领域的律师可以更好地交流、碰撞、合作。

　　在整个设计中，大量采用亮度适中的漫射光槽和反射灯槽，并充分利用自然光，减少灯光对人眼的直射，降低光对人体的污染；绿色植物的采用增加了人与自然的亲和力，降低了环境对人体的污染；整个设计无一不体现出"以人为本"这一永恒的法则。

　　在此次内装饰方案设计中，进行了全方位多角度的定位分析，考虑到安保、消

防、环保、节能灯因素，充分运用色彩、虚实、曲直、灯光等装饰手法，营造不同
层次的空间环境和感受；在色彩上，变革了传统的空间设计理念，将公共区域和开
敞办公区、领导办公区分为三个层次：公共区域采用中性暖灰色调，展现办公环境
的特有个性，开敞办公区采用中性冷色调，体现办公空间的温馨优雅，领导办公区
采用中性暖色调，体现中高层领导办公室的严肃和对工作高度严谨的态度。

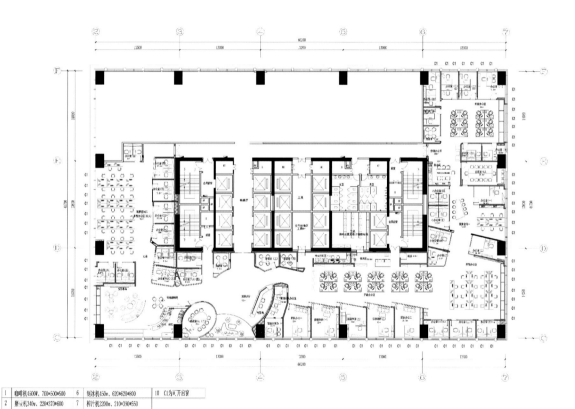

1	咖啡机4500w、700*500*500	6	制冰机450w、620*620*800	10	C1为可开启窗
2	磨豆机340w、220*370*600	7	榨汁机2200w、210*330*550		
3	滤水器	8	冰柜250、1500*600*800		
4	收银机500w、800*480*600	9	每个服务台须设置一个清洗盆，咖啡机需要接过滤水。		
5	开水机3500w、210*420*620				

备注：以上位置只是示意设计以卡丰，故冰柜的净空高度950-1000为最合适。

01 FIXTURE FURNISHING PLAN
Scale1:200@A2 平面布置图

平面图

接待大厅

接待大厅

接待大厅

接待大厅　　　　　　　　　　　　　　　　　　休闲咖啡区

休闲咖啡区

休闲咖啡区

筑梦魔盒办公区

筑梦魔盒办公区

筑梦魔盒办公区

诉讼律师办公区

筑梦社区办公区

筑梦社区办公区

武汉公安黄陂分局情报指挥中心

随物成器，浑然一体，稳重时尚

主创设计师：

廖亓

汉厚联合设计有限公司 合伙人
深圳美术装饰集团 湖北设计院　设计总监

项目简介

设计单位：汉厚联合设计 (HDRI 汉厚设计研究院)
设计指导：李哲、廖亓
设计师：姚燃、周一舒
主要材料：大理石、覆膜钢板、玻璃高隔、黑钢

设计说明

　　黄陂区是武汉市面积最大、人口最多、经济发展最快的新型城区。向来以"风俗谨朴，法令明具"闻名的黄陂，其警务工作的出色已是自古使然。武汉公安黄陂分局情报指挥中心是全局警务工作的出发点和落脚点，通过情报"预知、预警、预测、预防"，支撑勤务和行动"有力、有序、有效"运行，为领导决策、指挥处置和现场实战提供全方位、高效能的行动指令。当然，这一切也离不开中心的技术支撑和明晰的职责任务分配，整个指挥中心有1700平方米，围绕五大中心展开，分别为情报指挥中心、治安防控中心、执法监管中心、合成作战中心、新闻舆情中心。如此庞大的系统，其工作人员的办事效率显得尤为关键。而提供宜人的工作环境，也是体现政府机构"以人为本"的工作追求。

设计之初

　　几经商讨，最后设计师决定，延续办公的主要原则，尤其为了搭配"公安蓝"，整体选择目前流行的"性冷淡"风格黑白灰色系，以突出政府部门的庄严稳重。细节材料的使用上，设计师选择了中性光色温+低饱和度的木纹钢板。

设计结构

项目是在原有建筑基础上改造。整个合成作战中心呈扇形，空间布置要求无浪费，有一定难度，但其有6米层高的优势，于是，设计师遵循了"随物成器"的原则，按照原样，将指挥大厅设在中间，沿圈进行五大中心的双层分布，让每一间办公室，透过玻璃幕墙，都能看到指挥大屏，使整个工作连接更为紧密，将空间劣势变为不可复制的优势，也实现了信息实时共享的主要功能。

在扇形的一个角落，利用扇形的三角做了二层连通的楼梯，上楼时亦可看到大屏情报，凸显情报的实时掌控。对应这一系列观察情报的便捷设计，就是在大厅50平方米的高清大屏。

保证方案完善的安全性，与结构工程师一起，对老结构进行了评估，将新加建部分的荷载以及未来所有的机电、空调、桥架等需要在顶面部分的受力点，全部平摊分散到地面梁及原墙面柱。在这些基本改造之上，使用了高新科技，并配备了人脸识别，更加方便快捷。

浑然一体是大美的极致追求，设计团队在进行平面动向线分析及功能定位后，更多地考虑了所有机电设备在装饰完成面上的集中管理、隐藏，并结合装饰进行规整，使得整个空间完成后的效果更加整洁。

其次，便是形体构造、比例关系与各种材质的收口；然后进行色彩的统一及元素的填充——这便是一个整体。

设计亮点

经纬线

考虑到是公安情报部门，方案构思以严谨为主，处理好空间层次之外，亦提炼了特色元素：入口前厅融合地域性的木兰文化和当代情报文化。

正式进入指挥大厅之前的屏风墙，设计成经纬线的交叉，一反纵横交叉的常态，形成具有稳定性的三角几何，意喻为情报的国际化发展提供稳定的社会环境；并将富有力度的三角几何形体融入扇形大厅，力求创作出一个时尚而又不失稳重的办公空间。

绿植墙

整个大厅空旷的环境里，设计师没有添加其余装饰，只设立了高达6米的绿植墙，在大厅正面迎立八方来客，也给整个空间带来生机。同时，它也兼具屏风功能，背面遮挡了上下二层结构的四扇门，减少与大厅之间的干扰，给情报工作减少干扰。形体呈现上，设计师打破常规的设计手法，使用白色钢板将绿植进行比例的分割，色彩对比突出绿色的同时，起到了很好的空间拔高及规整的作用，并与空间中另外一处同样高达6米的水墨长城手绘，遥相呼应，相映成趣。

随物赋形，信笔挥洒，不拘一格。本项目的设计过程，更是传承了汉厚的宗旨：随物成器，巧在其中；保持整体统一，没有多余的装饰，一切都是顺其自然。

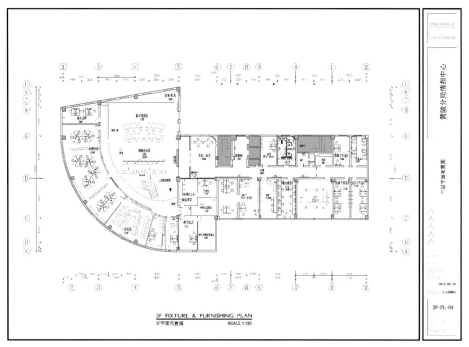

三层平面布置图

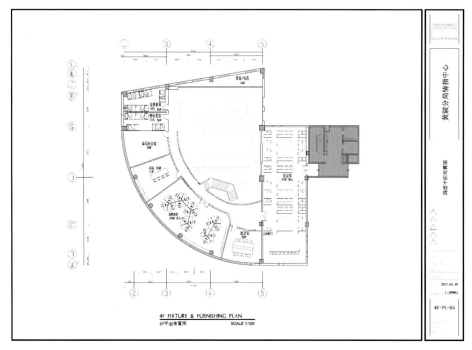

四层平面布置图

大厅

大厅

门厅

大厅内

过道

过道

过道

办公区

办公区

会议室

植物墙

深圳瑞和大厦办公楼

简洁干练，现代时尚

设计单位：
深圳瑞和建筑装饰股份有限公司
主创设计师：
陈任远
深圳瑞和建筑装饰股份有限公司 设计院院长

项目简介

项目所在地：深圳市
项目总面积：1.1万平方米
项目总造价：1.5亿元
主要材料：TOTO洁具、爱奥尼亚石材、白雪公主瓷砖、摩根世家石材

设计说明

　　本案为深圳瑞和建筑装饰股份有限公司位于罗湖的新办公总部，建筑共有11层，是集洽谈、办公、展览展示、员工休息为一体的综合性办公大楼。建筑外观酷似一颗闪烁的钻石，表现手法以几何切面为主，建筑材料以钢结构玻璃为主，造型当代，富有时代感，具有简洁干练、现代时尚的特点。室内同样以几何造型进行表现，与建筑外达到协调统一。材料以石材、玻璃、不锈钢材料为主，主调为黑白灰，空间明亮简洁。

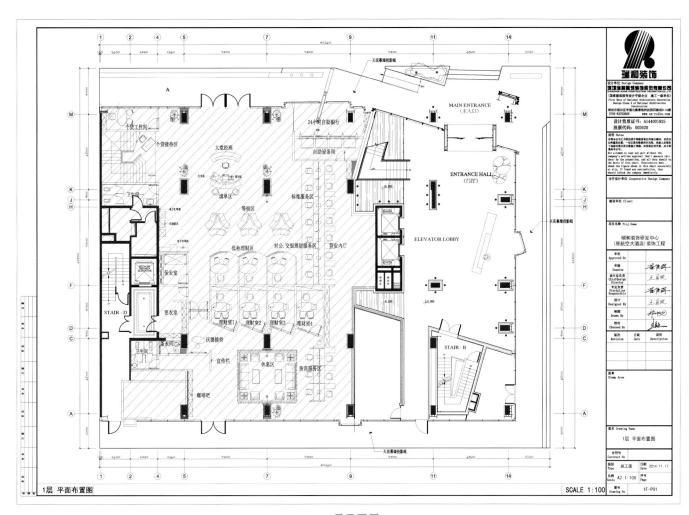

一层平面图

大堂

外观

大堂

大堂

大堂

会议室

企业展厅

企业展厅

企业展厅

屋顶花园

中庭   中庭

深圳·汇隆智造总部办公室

探寻未来智慧办公室

主创设计师：

林志豪

HCL 林志豪设计 创始人

项目简介

项目地点：深圳市

项目面积：2000平方米

设计团队：HCL林志豪设计

设计说明

　　专注打造生态圈的多元化办公空间，基于对新式设计的理解，拒绝平庸，提取自然，将人作为空间核心释放自己的能量，让平常变得非比寻常。

　　项目位于深圳观澜地区。入口的设计没有多余的元素，设计师利用光、影质感塑造如当地发展的"深速感"。引入光感作为一种几何设计语言融于空间。前台特殊大理石纹路有着一股"灵透之材，蓬勃之势"，两侧以"居有竹、步步高"的栅栏带来视觉冲击感，独特深浅石材运用，展示出质量与效率并举的时代精神。大笔勾勒而出的时尚型吊顶，大直大方显示出强烈的纵深感。整个设计氛围十分令人惊艳，展现出办公空间与众不同的文化价值。

　　林志豪设计团队打造的汇隆智造办公室总部办公空间，秉承抽象、概念、科幻、未来的理念。当你进入这个空间，一道通往异时空的大门已缓缓开启。在这里，未知的一切与既有的常识记忆产生传导，想象思维的触角开始蔓延。

　　设计师将环境和城市发展面貌以独特的方式展现。设计师提取有机的设计语言延续于办公区域，裸露楼梯设计向上直至十层办公区，空间的运用更加强调不拘于固有形式的灵活性，俯仰皆是自然之趣。在这里美景和美妙的天空将映入眼帘，清晰绿色、勃勃生机，有种人与自然在精神上的契合。

　　设计师将中式的禅风意蕴，缓缓流淌的文化气质，渗透进现代生活中。设计师不希望接待区与开放办公区过于直接，茶室空间运用裸露的椭圆形态，抛光水泥自流平成了空间主角，光影斑斓辉映下大小不一，圆孔发光效果看起来富有动态变化美感，刻出一个禅意而唯美的工业美学空间。

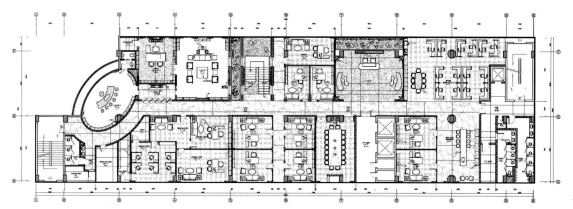

平面图

前台

前台角度

前台侧面背景

休闲娱乐区

开敞办公区

楼梯

走道

茶室

茶室过道

茶室

茶室

茶室过道

中原地产（深圳）总部

蒙德里安画中走出的办公室

主创设计师：

王鹏
鹏和朋友们设计公司 创始人、设计总监

项目简介

项目地点：深圳市

项目面积：8000 平方米

完工时间：2017 年 09 月

设计单位：Peng & Partners （鹏和朋友们设计公司）

施工图负责：卢学通

主要材料：毛毡、地毯、大理石、透光玻璃、金属板、橡木饰面

摄影：赵宏飞、王鹏

设计说明

　　中原地产在深圳经过二十年的深耕，区域员工达到11000多人，是当地规模最大的专业地产代理公司。作为一家港资企业，其过去二十年的发展中，一直秉承着拼搏进取、专业严谨的香港精神，这也反映在老的办公空间的形象上。在当下的重要时间节点，企业希望融合深圳大胆创新的精神——活力、开放与协作。Peng & Partners（鹏和朋友们设计公司）为其位于深圳后海的新总部办公空间进行了大刀阔斧、革命性的设计。整个项目包含建筑的四层楼，三层为办公楼层，另一层为会务中心层。

　　"盒子"的概念贯穿整个设计，通过相减、挤压、镶嵌、堆叠等，对基础的方块进行加工变形，产生不同的正相和负相空间，以不同组合方式串联起来，满足了各种不同的功能，比如前台区、会谈区、独立思考工作区等。盒子的不同开口方向和尺度，呈现出有趣的对比关系和节奏：私密与开放、狭窄与舒张、幽暗与明亮，并传达出不同的空间情绪。

大厅天花板顶部的开孔与立面的开孔相呼应，呈现丰富而有趣的空间构成和层次的延伸感。红色通道尽头的自然光线，透出一丝神秘的气息。

每个单独的盒子，被赋予简单纯粹的色彩和材质，比如包裹墙面和天花板的彩色吸音毛毡，有效降低了与其他区域的相互干扰，实现完美的声学效果。人在里面活动时，空间和人的关系以及人与人的关系变得更紧密而有趣，同时获得一种沉浸式的空间体验，使讨论或工作变得更放松和专注。

为了弱化传统办公室的紧张氛围，公共休闲区配置了特别大的面积，包括大面积的垂直绿化墙、厨房及水吧，成为员工聚会、休息，或工作交流、头脑风暴的聚集地。模块化的沙发，能实现多变的组合方式，以及满足员工360度全方位的无障碍沟通。

9平方米部门经理办公室，在功能布置上做了很大的改变和创新，所有的功能构件沿着空间四周墙面布置，储物、办公、休闲、阅读及交流等，非常巧妙地衔接，使得小面积却拥有宽敞舒适之感。

会务中心层的前台区域设置成一个独立的盒子，背后柔和均匀的灯光，使人的一举一动都像是舞台上的表演。无论是盒内盒外的人，都可获得微妙而特殊的体验。

位于整个会务中心层的核心区域，过道的发光玻璃墙，既满足了整个空间的照明，同时又能避免复杂的光线和阴影，成为空间的视觉中心，营造出纯粹、安静、脱俗的艺术办公空间氛围。

平面标识系统设计与整体空间的设计语言保持一致，简洁清晰，使工作交流快速高效。极简的造型体块、利落的线条和光线，呈现出耳目一新、时尚优雅的气质。

整个设计过程中，都在尝试对传统的办公方式带来改变，创造一个崭新愉悦的工作体验。

平面规划：依据场地的条件，以及体现企业文化和对员工的关怀，优先保证各个部门拥有最有利的采光、通风和最佳的景观视野，员工办公区域设置在靠窗的位置，部门参照柱位划分。其余的功能区块，如储物、洽谈区、影印室以及电话亭等，沿建筑核心筒集中排列。

该项目获得了德国iF设计奖、德国Red Dot（红点）设计奖，并被《环球设计》评选为年度最佳办公空间设计。

平面图

01. Building Core Tube | 建筑核心筒
02. Lift Lobby | 电梯厅
03. Reception | 接待大厅
04. Meeting Room | 洽谈室
05. Employee Working Area | 办公区
06. Dept. Managers'Office | 部门经理室
07. Box Seat | 包厢
08. Leisure Area | 休闲区
09. Lockers | 储物柜
10. Powder Room | 化妆间
11. Telephone Box | 电话亭
12. Lounge Seat | 卡座
13. Mobile Office | 流动办公位
14. Archives | 档案室
15. Staff Restaurant | 员工餐厅
16. General Manager Office | 经理室
17. Training Room | 大培训室
18. Luminous Glass Box | 发光玻璃盒
19. Enrollment Office | 入职处
20. Machine Room | 机房

大厅

前台

黄色色调"工作盒"

红色通道

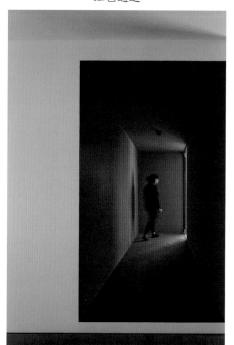

红色色调"工作盒"

蓝色色调工作盒

红色通道

工作间

公共休闲区　　　　　　　　　公共休闲区　　　　　　　　　部门经理办公室

公共休闲区　　　　　　　　　会务中心层入口　　　　　　　发光玻璃墙

会务中心层前台

室内空间

平面标识系统

平面标识系统

平面标识系统

平面标识系统

局部

湾悦城SOHO办公

传统意境与现代风格有机结合，空间构想与地域特色神奇对接

主创设计师：
江玉兴
铂金翰副总设计师、福建国广一叶建筑装饰设计工程有限公司厦门分公司设计五所所长

项目简介

项目地址：厦门市

设计单位：福建国广一叶建筑装饰设计工程有限公司

参与设计师：林俊锋、江署清、于琴

方案审定：叶斌

项目面积：160平方米

摄影师：刘腾飞

设计说明

　　繁华都市的喧嚣处，海湾边，竟有一处静雅天地，那定是现代都市人梦寐以求的一方乐土。本案例设计主题为简约、静心。

　　入口通过借景意境，使室内视觉空间最大化；进入公共区域，利用简洁的线条，明朗的块面，素雅色彩的融合，完美达成此雅致空间。繁华新区，无敌揽海，目视片片帆影，耳听风声海涛，去繁从简，闲庭信步，惬美快意，此乐何极！

　　整体空间以简明的色块搭配，并以黑色金属包边效果，增加空间的构成感，每一个线条恰到好处地将空间延续。设计师巧妙地运用淡蓝色艺术灯饰，让楼上楼下空间相呼应，温柔和谐的灯光效果，增加了空间的神秘气质。会议室设计打破了入口空间及会客厅简明的色块关系，运用粗犷的石材肌理元素与周边空间进行强烈对比，不多不少，增加空间的厚重感。

一层平面图

茶水间
卫生间
会客厅
晶茗区
入户玄关
上15
会议室
资料室
打印区

二层平面图

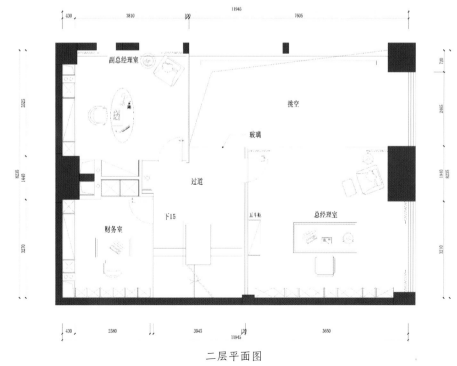

副总经理室
挑空
玻璃
过道
下15
五斗柜
财务室
总经理室

入口空间

入口空间

楼梯

会客厅

会客厅

会客厅

装饰品

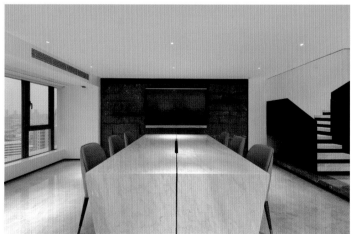

会议室

会议室

通华科技大厦装修项目

飞扬之姿，运筹帷幄

主创设计师：

王传顺

华建集团——上海现代建筑装饰环境设计研究院有
限公司 资深总工程师

项目简介

项目所在地：上海市

项目完成时间：2018年4月

项目总面积：25815平方米

项目总造价：8000万元

主要材料：隔断吊顶（龙牌）、灯具（飞利浦）、地毯（华腾）、石材（奥林匹亚）

设计说明

通华科技大楼项目地下2层，地上11层。

本次设计元素为提取通联支付标志的形状，将其分解、抽象、变形提取为回力标的样式，利用回力标运转飞出，继而回手的特色，寓意着公司高速运转、运筹帷幄的企业发展态势。提取出这个图案后，再将这个样式进行重组、拼接，围合成整体的图案，将基本设计元素依次运用到室内空间的整体设计中。

一层主要为大堂接待及企业文化展示区，整个空间功能划分以E轴为分界线，前区分为企业文化展厅、咖啡厅、洽谈区三大功能，后区为VIP接待区、信访接待等几大功能区。大厅部分则采取挑空处理，并将核心筒两侧的区域挑空并增加直通二层的楼梯。

为了充分利用五层的室外露台，最终决定将餐厅层放置在五层，员工区域靠近北侧露台处设置，南侧靠近商务梯处相对私密位置设置了领导餐厅，并通过活动隔断可灵活使用，同时东侧区域设置了母婴室及健身区，体现了公司人性化的管理体制。

标准层 LOFT 办公区及经理室：充分利用原建筑的层高优势，增设 LOFT 办公空间，上层布置经理办公室会议室等功能，下层设计茶水间、打印室等实用空间。在空间造型上，利用结构吊坠楼板的原理，吊置了竖向白色杆件，营造独特的空间感受。此外，领导办公室的装修简洁明快且满足预留需求，注重软装及灯光的搭配。

十二层主要为高层领导办公室，北侧为前台接待、董事会议、餐厅等功能用房，南侧区域两端分别设置董事长办公室及总裁办公室，以及相应的接待、洽谈、阳光房等配套功能。

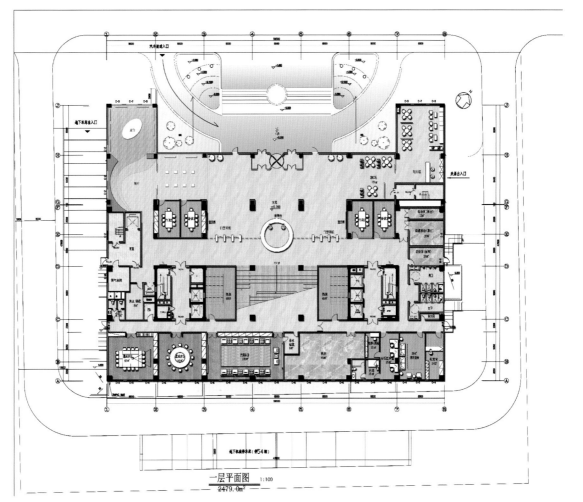

一层平面图

一层大堂全景

一层大堂

十二层会所接待区

五层职工大餐厅

标准接待

标准大空间办公区

七层中厅

职工休闲室

十二层会所接待区

十层、十二层挑空中厅

创展谷Dmax创业中心

让工作与生活共融

主创设计师：

任清泉

深圳任清泉设计有限公司 执行董事、设计总监
深圳市新美装饰设计工程有限公司 七院院长

项目简介

项目所在地：深圳市
项目面积：4000平方米

设计说明

深圳，被誉为设计之都、创新创业之都，每13个人中就有一个人在创业，许多创业孵化基地也应运而生。创展谷Dmax创业中心为创业者提供广阔的平台，共享激情，勿忘梦想。

创展谷Dmax创业中心位于深圳南山区太邦科技大厦12 ~ 13F，高度近8米，面积达2000多平方米。设计师在对原建筑的理解中，遵循最少干预原则，在节约工程造价的同时能更好地保留建筑空间特质，通过设计师巧妙的合理规划，把空间利用起来，搭建了夹层平台，最终实用面积近4000平方米。局部挑空的处理，保留原始建筑的空间感，另外在空间的处理上保留建筑空间的素水泥肌理感，配以温馨的柚木饰面，简单的材料过度，营造出不一样的空间氛围，形成该孵化基地特有的气质。接待处的挑高空间，用格栅的处理手法延续建筑本身的空间优势，两侧实木楼梯的处理一气呵成，使空间更纯粹，更成为两层空间贯通的纽带。

办公室被设计成一个开放的创意空间，除了满足日常的办公需求外，多样性的共享空间也为即时交流提供了各种可能。水吧区和办公区的设计突出了生活化的理念，空间的处理保留建筑夹层加建的钢结构与钢板，和混凝土结构柱及肌理表面，对建筑表示敬意。整个水吧空间更是融入桌游、桌球台、X.BOX游戏机等现代年轻人喜爱的娱乐产品，是集交友、休闲、娱乐为一体的空间，代表了一种崭新的办公生活。

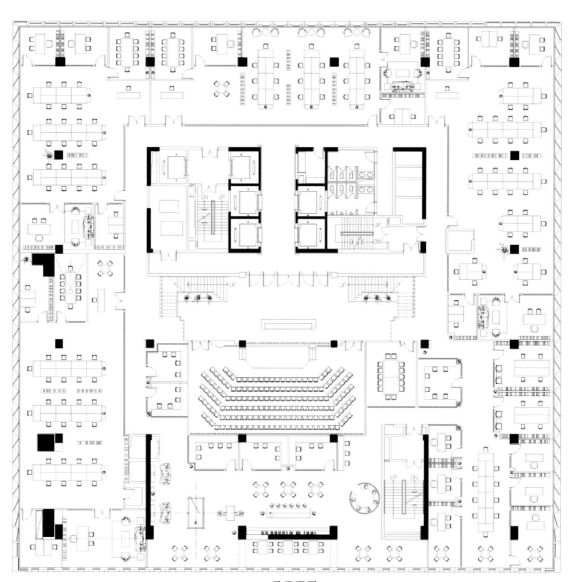

一层平面图

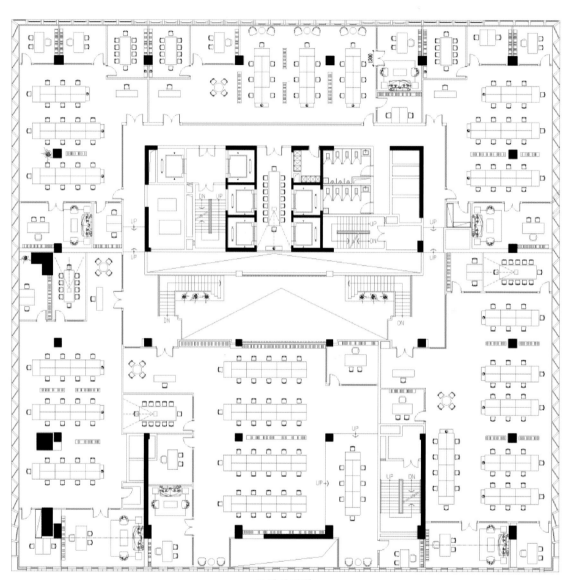

二层平面图

接待处

接待处

接待处

水吧区

水吧区

楼梯

水吧区

楼梯

共享空间

共享空间

深国际控股（深圳）有限公司办公楼

绿色、环保、节能、生态

设计单位：
深圳市维业装饰集团股份有限公司

主创设计师：

马晓天

深圳市维业装饰集团股份有限公司 设计研究院副院长兼六分院院长

项目简介

项目所在地：深圳市

项目总面积：20459平方米

设计风格：现代简约

设计说明

　　本项目是融绿色、环保、节能、生态等多功能于一体的综合性办公楼，其室内装饰设计的风格及空间感从一定程度上体现了集团公司的企业文化、企业使命、企业精神整体形象。

平面图

员工餐厅

十一层中庭

中会议室

开放办公区

大会议室

电梯厅效果图

贵宾接待室

董事会议室

户外花园

东莞可媚服饰总部办公楼

张弛有度、动静相宜

设计单位：
深圳市广安消防装饰工程有限公司

主创设计师：
邓安阳
深圳市广安消防装饰工程有限公司 事业三部负责人

项目简介

项目所在地：东莞市
项目面积：560平方米

设计说明

　　东莞可媚服饰总部办公楼是时尚女装品牌形象办公总部，项目设计规划一层为接待大堂、形象展厅，二层为办公室区域。

　　本案以大方、简洁、明快为主旨，运用"泛客厅"的设计手法来营造空间氛围。灰色是空间的主色，无论是在天花板、墙面还是地面，大面积的灰色运用成功地塑造出了一个沉着、简练的空间形象。与此同时，红色的天花又为这个沉稳的空间增添了一抹亮丽的色彩，张弛有度、动静相宜。

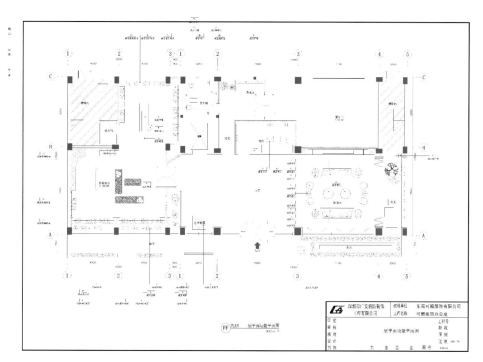

一层平面图

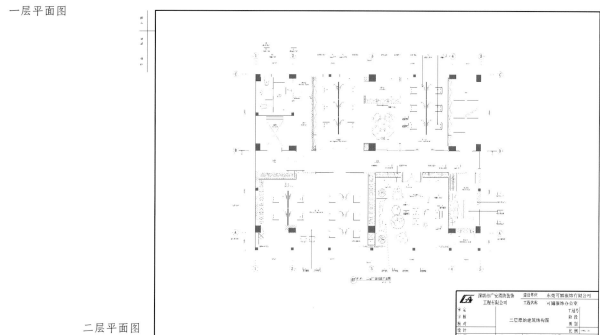

二层平面图

外观

外观

大厅

大厅

大厅

办公室

办公室

广州保利世贸G座办公楼

运用简洁、抽象、动感的流线语汇来表达空间的现代感与文化

设计单位：
深圳市嘉信装饰设计工程有限公司

主创设计师：
马艳肖
深圳市嘉信装饰设计工程有限公司设计院 设计总监

项目简介

项目所在地：广州市
设计单位：深圳市嘉信装饰设计工程有限公司

设计说明

　　项目定位为超级甲级写字楼品质，同时按空间价值最大化的标准进行设计。设计深入结合省广集团企业文化，突出省广集团文化特色，同时遵循生态优先、整体性、高标准、开放性、富有个性特色等原则。设计紧紧围绕以人为本的设计理念，紧扣"现代、时尚、动感、生态"之主题，以创意空间灵活分隔的"生态化办公"理念，在兼顾满足使用功能和要求的同时，科学、合理地规划平面布局与动态流程，营造一种"休闲办公、会议花园"的现代商务模式，以适应现代办公空间注重休闲与舒适的生活观念。

十五层平面图

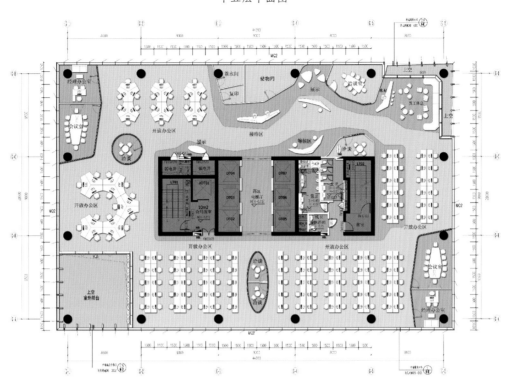

一层大堂正面

一层咖啡厅

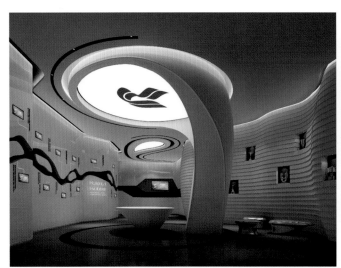

一层展厅

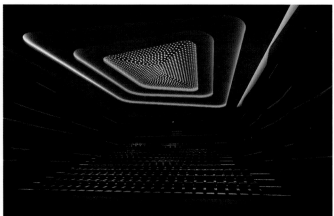

三层多功能厅

十五层开放办公区

十五层前台区

十五层洽谈室

十五层小会议室

二十四层中型会议室

二十五层会所

二十五层领导办公室

二十七层贵宾接待厅

深远办公室及棒客体验空间

创新、开放、独特

深圳鹏润建设集团有限公司
SHENZHEN PENGRUN CONSTRUCTION GROUP

设计单位：
深圳鹏润建设集团有限公司

项目简介

项目所在地：深圳市
项目总面积：1610平方米
主要材料：蓝色烤漆板、直纹白石材、拉丝黑钢、皮革、墙布、橡木钢刷面、灰镜、方块地毯

设计说明

本案主要选用现代简约风格，混搭后现代工业风，并结合自然元素，对办公空间进行精心设计，力求打造一个层次丰富、色彩鲜明、个性独特并具有创造力的办公环境，体现深远向世人与员工宣扬的公司精神与价值。

在大办公空间的选用上主要选用现代风格，非正式会议及创意空间混搭后现代工业风，在一些休闲配套空间力求打造家的温馨氛围，让身在其中的员工有温暖的舒适感。

平面布局是室内设计的基础。在总体布局上，我们以非对称的均衡关系进行布局，以直、弧线条来构筑空间，在办公桌椅的摆放上，强调节奏感的斜线摆放形式，打破传统平行布局的呆板，创造韵律跳动的空间造型。

在室内光环境方面，根据不同的空间、不同时段的需求，设置不同的光源照度、色温和投射方式。

本项目通过创新、开放、独特的设计风格，充分体现了深远的品质，创新、务实的企业文化精神和以人为本的企业理念。

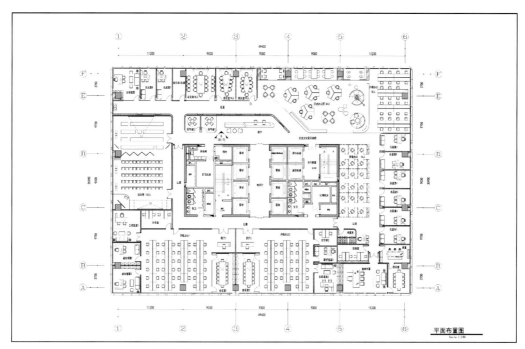

平面布置图

前台

办公室

大厅办公空间

接待室

公司文化墙

开敞办公区

报告厅

开敞办公区

董事长办公室

深圳能源大厦室内设计

让城市与自然水乳交融

 深圳三森装饰集团股份有限公司
SANSEN SHENZHEN SANSEN DECORATION GROUP CO.,LTD.

主创设计师：

杨仁斌

深圳三森装饰集团股份有限公司 设计院院长

项目简介

设计区域：室内公共空间、办公空间、会议中心、食堂、公共活动中心、地下室、
电梯轿厢等

项目所在城市：深圳市

项目总面积：9047.06平方米

项目总造价：246600万元

主要材料：石材、冲孔铝板、木纹铝板、植物墙、灯膜等

设计说明

在这个城市中，似乎一切都在保存着钢筋水泥原有的温度，留给人们可以自由
呼吸的空间越来越小，带着逃离一样的心情闯入户外的人越来越多，除了有所谓的
"现代感"之外，没有了自然属性。

一个城市中若有一片生态绿地，就好似沙漠中的绿洲一般稀罕而珍贵。对于深
圳而言，能源大厦就是这个城市的生态绿洲之一。

于是把"绿洲"作为本案的设计主题，兼顾本次设计的中心思想——"生态、
自然、环保、低碳"，让城市与自然水乳交融。

首层平面图

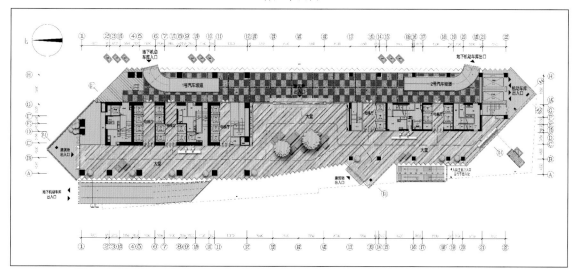

30层大堂

30层前厅

30层前厅

30层展厅

大堂

大堂

大堂

书吧

董事长办公室

电梯间

会议室

员工餐厅

总裁办公室

厦门国际中心主塔楼公共区域及办公样板间

师法自然，从闽南文化中寻找设计元素

设计机构：
深圳市广田建筑装饰设计研究院

主创设计师：
彭晓华
深圳市广田建筑装饰设计研究院 三分院副院长

项目简介

项目所在地：厦门市

设计区域：公共区域

项目总面积：104460平方米

主要材料：意大利灰木纹、Interface地毯、TOTO洁具

设计说明

该项目是集甲级办公、大型商业、观光旅游及休闲娱乐为一体的大型城市综合体项目，建成后将刷新厦门天际线，并将一跃成为福建第一高楼，成为海西新地标。现代超高层建筑从一定意义上讲是城市现代化的标志，这是超高层建筑的价值之一。我们用生命形态来组阁设计，因为在我们看来建筑空间应该具有一种生命力，应该流畅、感性，更应该与在其中活动的人亲近。

师法自然，从闽南文化中寻找设计元素，将人文主义思想融入室内空间设计中，结合当代艺术手法诠释室内设计的精神内涵。在室内设计概念中，我们由闽南及海洋文化延展，抽象出"银河记忆"的理念，即是以空间设计来沉积发展闽南的文化历史，以生命的形态来容载生命与生活，并结合甲级办公简约时尚的特征，将其运用于我们的方案设计中。

简练才是真正的幸福，只有最简单的东西才具有最大的孕育性和想象空间，也才最符合"拉哥尼亚"思维法则。

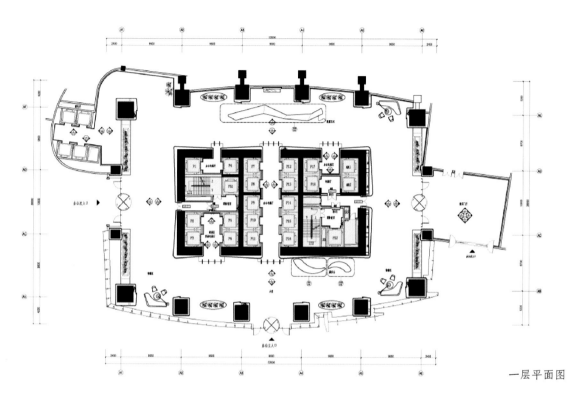

一层平面图

接待区

东大堂

西大堂

办公卡座区

董事长室

公共区域走廊

VIP接待室

首层办公电梯厅

转换大堂电梯厅

公共卫生间（男）

鑫中心写字楼样板间

庄重与优雅的双重气质

设计单位：
万得福装饰工程有限公司

设计师：

王宝东

万得福装饰工程有限公司 主创设计师

项目简介

项目所在地：济南市
项目总面积：230平方米
项目总造价：34万元
主要材料：石材、面漆木板、涂料、不锈钢

设计说明

　　定位金融公司，注重其企业文化，体现庄重和优雅的双重气质，空间设计上相对稳重的同时，加入现代的元素。服务台背景方盒子的放置，把洽谈区、吧台、会议室、办公区分割开来，形成流动空间。这种模糊的界限，让空间显得更大，达到销售的目的。

平面图

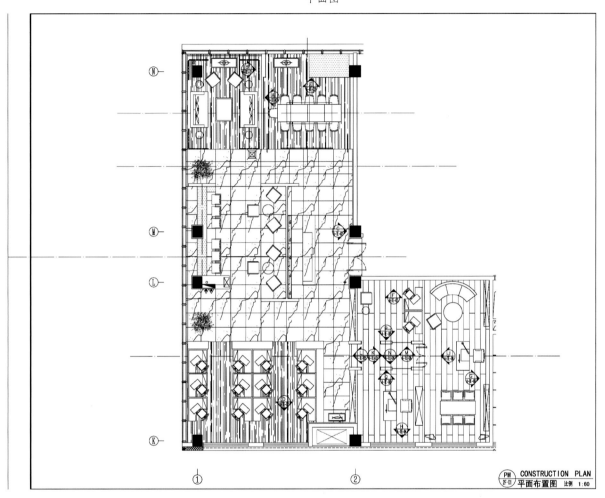

门厅　　　　　　　　　　　　　　吧台

吧台

办公区

洽谈室

洽谈区

洽谈区

洽谈区

会议室

走廊

书架

一亩三分地艺术空间

最时尚简约的设计语言充分表达空间的灵魂

主创设计师：

勾强

成都高视创意设计有限公司 设计总监

项目简介

项目所在地：成都市

项目总面积：2000平方米

项目总造价：350万元

主要材料：南谷家具、欧普照明、蜜蜂陶瓷

设计说明

"We-media Art Space" 是一个中国文化展示的空间，一个中西文化结合的产物，整个空间设计中，提炼中国文化的精神，用最时尚简约的设计语言充分表达空间的灵魂。"禅"是一种精神，不是装修材料，不是装饰造型，是一种感受，一片光，一片影，阳光穿透竹林洒在窗边的棉麻上，让身临其境的人感受到空间的宁静与和谐。

功能设计：本设计是以理性为基础的，因此可称之为《理性设计》，设计是以目的为导向的，采用自我独特的设计语言表达对美好事物的感受，因此设计最重要的第一步是满足设计的目的。"We-media Art Space" 是对理性设计的极致表现，展厅采用了两条功能动线并完美结合，客户参观动线流畅、完整，员工工作动线效率、快捷，紧密联系又相互独立。15个展示空间迂回行进，又相互借景，你是我的背景，我是你的前序，你中有我，我中有你。对展示点的停留时间以及行走步数所需时间，都做了精确计算，以保障参观的有效性。以此数据确定了的参观路径，并

外观

穿插了休息点及洽谈空间，满足产品讲解沟通及销售的目的。

　　本项目是两栋三层楼的独立建筑，我们将它合二为一，运用巧妙的结合手法让人步入其中后只能感受到唯一的存在。

外观

外观

外观

外观

外观

室内

室内

室内

室内

室内

室内

室内

陕西羽顺办公楼

创新与传承、前卫与高端

主创设计师：

范剑峰
深圳市洪涛装饰股份有限公司 设计院副院长、设计
总监

项目简介

项目所在地：陕西西安

项目总面积：5541平方米

主要材料：雪花白、云多拉灰、白沙米黄、灰木纹瓷砖、木饰面、木地板、皮革、
布艺

设计说明

结合羽顺企业文化和西北地域特色，以"创新与传承、前卫与高端"为设计理
念，融入自然元素和科技元素；以开阔的国际视野和前卫的设计思维，打造具有羽
顺企业文化气质与地域文化内涵的高端办公空间。

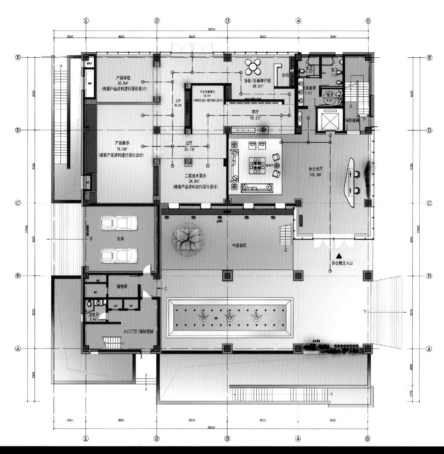

一层平面布置图

庭院

办公楼

庭院

一层办公大厅细节

一层办公大厅

一层办公大厅

一层办公大厅细节

办公区

走道

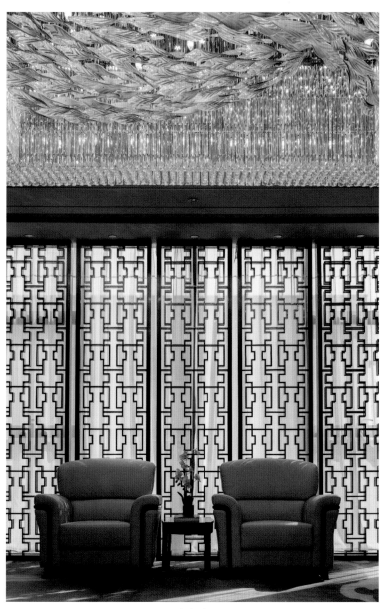

三层贵宾室细节

小型会议室

董事长办公室

关注自我

—— 设计自己的办公空间

ZWP 曾卫平设计办公室

让办公室成为更具活力、艺术、商业的设计创新实验室

主创设计师：

曾卫平

曾卫平室内设计（北京）有限公司 总设计师

项目简介

项目所在地：北京市

项目总面积：1150平方米

主要材料：混凝土、镜钢、玻璃、3M膜、木纹铝板、马来漆

摄影师：江南摄影

家具品牌：STEELCASE、VITRA、MATSU

设计说明

　　ZWP 曾卫平设计作为一家近十五年来一直致力于城市商业解决方案的机构，希望新增设的办公室在设计中，利用多元新型材料和现代建筑方式创造出与众不同的空间，让办公室成为更具活力、艺术、商业的设计创新实验室。

　　在新的工作场所确定之初，设计团队就将"艺术、商业、创新"这三个事务所一直践行的关键词作为新办公空间的营造原则。

　　设计是一个需要不断融合每个人的设计智慧、持续沟通与灵感碰撞的过程，因此在空间布局上工作室是一个开放与协作的空间，开放式办公区围绕整个楼层延伸形成半环形，除了设计师的日常6人组团工作区，中间加入了多样工作环境的交流区域，用于不同的协作模式。

　　"利用质朴的材料表达丰富的情感"是事务所一贯设计创造的材料理念，因此在空间质地上保留了原始建筑的混凝土质地肌理，加入随观看角度变化色彩的幻彩

玻璃、参差的原木格栅、灰色镜钢、斑驳的马来漆，强烈的质感语言在接待区空间中穿插出现，实与虚、整体与参差、反射与折射、犹如一场材质的艺术对话。

与各个城市的客户保持随时沟通的视频会议室，采用了最先进的感应触摸屏幕与自动调节会议系统等高科技设备，却又同时保留了原始场地的毛坯柱面，未加修饰的建筑原有结构柱与顶面平滑柔顺的发光膜、镜面不锈钢、灰色马来漆墙面、温暖天然的天花板木质材料，形成了对比。同样模数的木格栅从接待区一直穿入到会议室，强调空间的完整性。

位于走道边的开放性会议区域提供灵活的会议、协作和讨论空间，使设计师能够根据不同项目调换工作模式。这是一个用于迸发灵感、绘制草图和讨论定稿的合作空间。

工作室白天拥有充足的自然光线，抛光的混凝土地板与幻彩玻璃、镜钢，在每一个角度都形成不同的光影变幻，将工作其中的设计师活动折射成一种流动的艺术行为。

可用来沟通和非正式接待的开放茶水区，加入了金属盒子内镶嵌的绿植、皮质卡座、自由散落垂挂的白炽灯，用更轻松开放的氛围作为设计师们日常放松休憩的共有空间。

坚持在不断实践与创作中学习与分享是事务所一贯的文化与责任，在专门设立的交流中心，既有周末下午五点的创意农场的设计分享，也有来自不同城市、国家各界设计师的多元创作展示与心路历程，这里是事务所思想碰撞与交互的公共性场所。

平面图

接待区

接待区

接待区细节

视频会议室

会议室

办公区

走道

走道

走道

办公区

休息区

休息洽谈区

会议室入口

开放性会议区域

开放性会议区域

艾迪尔上海办公室

简单又遵循黄金比例的空间尺度，质朴又考究的肌理质感

设计单位：
艾迪尔建筑装饰工程股份有限公司

项目简介

项目地址：上海市
项目面积：1000平方米
竣工时间：2017年11月
设计团队：罗劲、王凯、徐慧、朱文贺
施工团队：许来福、刘俊成、李施宇
项目摄影：石伟、刘奇

设计说明

　　艾迪尔上海办公室位于昇PARK文创产业园内，其场所前身为上海光华印刷机械厂厂房车间。为了打破横竖各三跨九宫格式二层空间的单调格局，设计师拆除了原有中间部位楼板，将其上下贯通形成高大空间，并在这里经过一系列巧夺天工的各色加建和自然融入，使之完全变身为整体环境的视觉焦点和活动中心。

　　建筑入口以及室内延伸出的二层户外露台由铁锈钢板塑造成"窗口"的造型。通透的窗口可获得更开阔的视角，并且在原有的建筑结构上大大增加了视觉冲击力。实木感应门的选用让入口处表现得更为大气稳重。外观整体轮廓清朗，浑厚稳重中又不失灵动纯净，立面刚柔虚实协调，造型彰显着现代气息。而内部透出的柔和灯光让人情不自禁地想走入其中，一探究竟。

　　穿孔铝板围栏隔断，隔而不断，创造出了光与影的魔术。光线透过小孔呈现出一种如同皮影戏般的艺术张力，不仅仅作为简单的隔断，更作为装饰出现在空间设计中，为整个空间增添了不少艺术气质。以白色简洁为基调，岛台围合式的办公桌设计整洁而连续。而开放式的休闲讨论区，便于员工们交流与共享。

　　灯光照明也是本次设计的一个要点，尽可能做到了"见光不见灯"。灯光的选型也是根据装饰造型搭配。树屋的条形灯管与其错落有致的造型相呼应，挑空区的光线投射至平面进行二次反射，创造出"闪耀的光辉"。

　　空间"十景"：水上石舫、悬挑云梯、倒挂树屋、别有洞天、身临其境、
智慧聚合、休闲一刻、远眺之窗、材料工坊、瞭望塔。

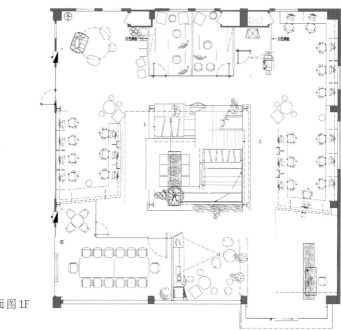

平面图 1F

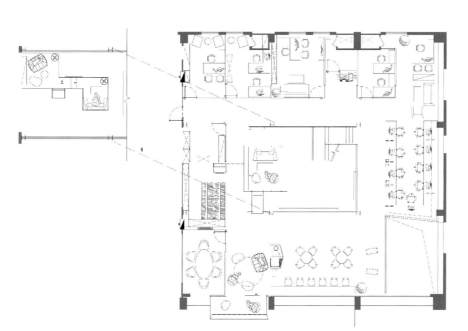

平面图 2F

外观

中庭

中庭

楼梯

洽谈室

洽谈室

洽谈室

前厅

前厅

前厅

VR体验区

会议室

茶歇区

休息区

穿孔铝板围栏

穿孔铝板围栏

源·设

一个来自宅寂美学的建筑作品

主创设计师：

陈鹤一

广西陈鹤一室内设计有限责任公司 设计总监

项目简介

项目面积：约470平方米

竣工时间：2017年5月

所用材料：钢、玻璃、老榆木、素混凝土、白色乳胶漆

设计说明

本案采用清水素雅墙面的简约手法来定义空间，摒弃多余装饰，弱化现代工业产物，重塑美学定义，还原建筑本体空间结构，本着结合自然、亲近自然、融入自然的回归心态，设计一个回归内心的独白。

本案巧妙利用空间层高错落优势，部分分割成二层空间，部分分割成三层空间，满足办公功能最大化需求的同时，又处理了建筑空间进退关系。暖通系统采用了地出风、侧出风和顶出风的形式来满足各个空间美观度的需要。四周露台空间退让出植物种植区，并处理成通透式的玻璃盒子，环绕的植物可以在亲近自然的同时又做适当的降温处理，其光影斜入，斑驳中构建了室内美丽的风景线。

融合古镇建筑的黑白灰基调，加以北京古建多年使用过的老榆木，嵌入到现代简约手法之中，质朴本色，更让人有一定的历史回味和沉淀感，也能够感受到未加以修饰的建筑魅力。在建筑空间的处理上，素白的墙面加上少许黑色的不锈钢踢脚线，增强了细节美感，也增加了建筑墙面的稳定性。整体保留了建筑的原始数据，利用原有的梁柱关系构建结构空间美学。

几幅名人所做的水墨画点题性的软装饰，既成了视觉的焦点，又有收藏价值。

尤其和外围的竹子遥相辉映，使室内空间的稳重气质更展现得淋漓尽致。

古朴的老榆木做成的众多书架，即使空无一物也会有书香门第的既视感。

去除华丽的装饰外衣，裸露最本真的建筑美学，回归建筑本源，回归设计本源。利用所有能动空间，采用宅寂思想美学手法，营造设计灵感之源，在工作环境之中，感受人文设计灵气，平衡建筑与人的关系，让心灵回归到建筑设计的本源。

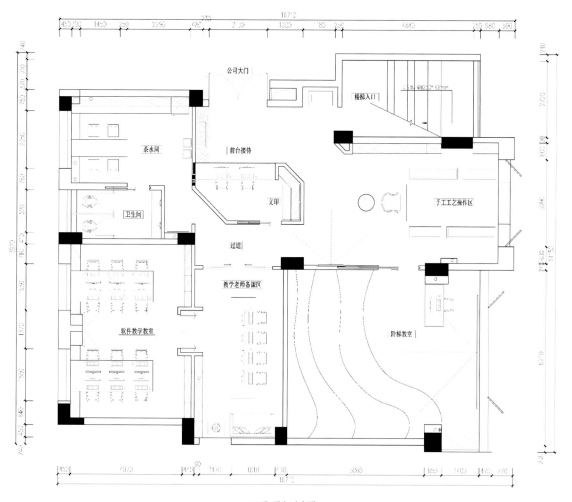

F平面规划图

入门前室

休息区

过道

主楼梯

茶水间

财务室

设计总监室

景观平台

主楼梯入口

设计总监室

设计总监室

宏观致造空间设计工作室

用平凡而质朴的材料创造出别无二致的设计

主创设计师：

钱晓宏

宏观致造 主创设计师

项目简介

项目所在地：苏州市

项目面积：300平方米

项目造价：45万元

主要材料：钢结构腐蚀、白蜡木、老松木、青砖、瓦片、精钢砂

设计说明

　　"自己的工作室"，对于任何一个设计师，都是既自由又充满挑战的一个命题。

　　从设计之初，我们就给了自己最大的自由发挥空间。钢结构搭建的两层空间中，在工作室团队所需要的功能空间满足的前提下，整体氛围营造和设计心思都体现出工作团队的设计意识以及性情追求。

　　纹样明晰的木色作为整体主基调，配合空间中墙面的白色、金属的黑色以及玻璃的通透感。入口厚重的木门上镶着以门钉组合而成的几何图形，命名"繁花"。大厅书架、玄关、办公室以及楼梯皆采用现代构成语言叠加而成的瓦片组合。大厅的挑高空间灯具的设计则是从顶上倒置的枇杷树，星星点点的小灯珠点缀于张扬的树枝之间。工作室的材料区和软装陈设都结合室内硬装，最合理地利用了空间。工作室于细节之处体现巧思，用平凡而质朴的材料创造出别无二致的设计。

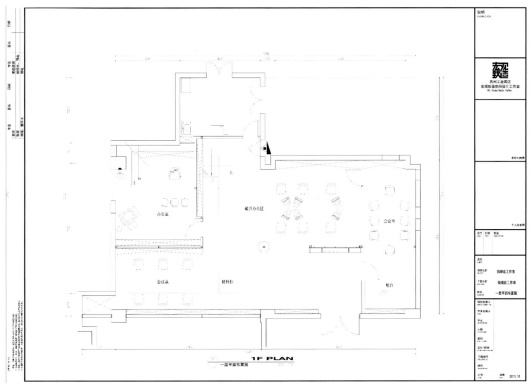

平面图

办公室

办公室

大门

工作区

工作区

楼梯

楼梯

前厅

作品区

作品区

素质——东木大凡空间设计办公室

让办公空间回归本真，反思建筑的本初质感

陈江波

李江涛

主创设计师：

陈江波
湖南东木大凡空间设计工程有限公司 设计总监

李江涛
湖南东木大凡空间设计工程有限公司 设计总监

项目简介

项目所在地：长沙市

项目总面积：260平方米

项目总造价：60万元

摄　影：杜武宜

主要材料：饰面实木皮、竹子、青石板

设计说明

　　繁华都市，车水马龙，难觅净土，传承和引领已然成为责任。做过几百上千套的设计，反思自己，一个怎样的室内空间会适合自己，办公空间对于我们来说不是单一地满足使用，更多的是在抒发一种感性的设计情怀和自我定位的展示。本案将原始结构的钢筋混凝土毛坯结构无加修饰地裸露出来，让办公空间回归本真，反思

建筑的本初质感，搭配一定比例暖灰色的天然胡桃木中和空间的灰暖调子，粗犷的混凝土墙上点缀灵动纤薄的白色钢板书架，让视觉有个精致的落点，黑色水晶灯，只为稍加调侃一下当代设计大环境下的多元混搭异域风气。

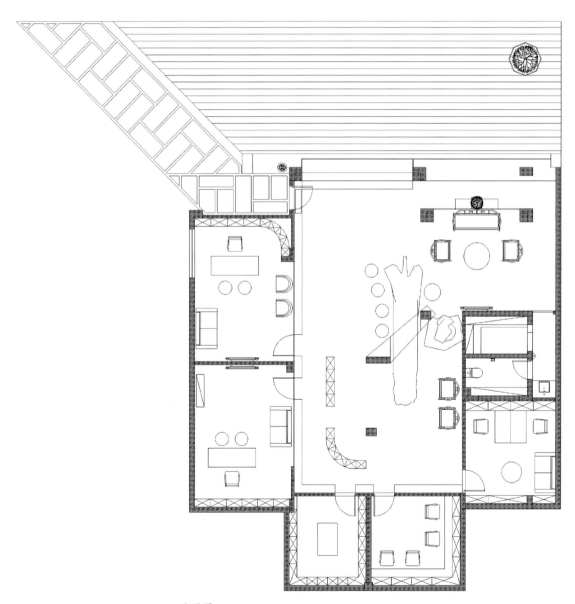

平面图

设计部大厅

接待区

水吧过道及立面

前台

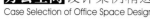

过道

VIP办公室

VIP办公室过道

办公室过道

VIP 接待茶室

茶室

江苏南通三建建筑装饰有限公司
苏州建筑设计研究院办公项目

我想要的，不过是钢筋水泥与光的结合，光从窗户缝隙
钻进，钢筋水泥留在原地

主创设计师：

高大贺

江苏南通三建建筑装饰有限公司苏州建筑设计研究
院 所长

项目简介

项目所在地：苏州市

项目完成日期：2017 年 2 月

项目总面积：350 平方米

项目总造价：50 万元

所用材料：不锈钢，金砖，做旧钢板，洞石，稻草

设计说明

我说想要现代中式

你说不行，会显得太老

我翻阅古典

又穿越至今

像是走过了地球到月亮的距离

其实

从这 38.4 万千米的光里走来

我感到　　　　　　　　　　　　　还是现代的？
所有的东西都在相互分离　　　　　我想从这遥远的光束中寻找答案
我想要的　　　　　　　　　　　　忽然感到
不过是钢筋水泥与光的结合　　　　更强大的光影从远处靠近
光从窗户缝隙钻进　　　　　　　　沙沙的声音
钢筋水泥留在原地　　　　　　　　像流水，更像嗡嗡声
置身其中　　　　　　　　　　　　我被一个大物体包容
我在光中寻找　　　　　　　　　　它带动着我
游动在一个大物体之中　　　　　　流动在一个更大的物体之中
被无形的力量在推动　　　　　　　我不停地旋转，随着物体游动
触到的几何形状的物体　　　　　　从微弱的影子中感到
是古典的　　　　　　　　　　　　我好像是沿着光返回在来时的路上

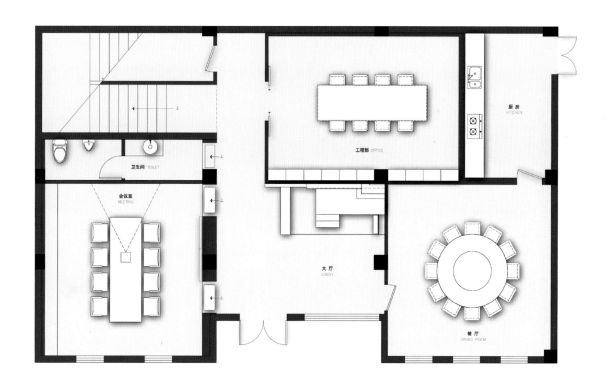

一层平面图

1F

办公室

大厅

办公室

大厅

会议室

大厅

大厅

楼梯间

会议室

楼梯间

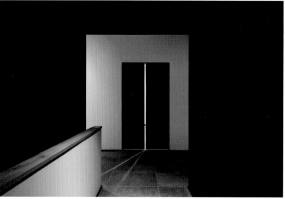

会议室

楼梯间

洛阳市那里布凡办公空间

虫鸣、花香、土地的芬芳、风的摇曳、自然的声音、自然的颜色、自然的心境

主创设计师：

王丽娜

洛阳市那里布凡设计工作室 设计总监

项目简介

参与设计师：陈戈、张韶音

项目所在城市：洛阳市

项目总面积：200平方米

项目总造价：8万元

主要材料：水泥板、原木、方钢、奥松板

设计说明

　　那里布凡设计事务所坐落于洛阳国花园内的一片雪松林下，由办公空间和会客茶室两部分组成，办公空间封闭内向，会客茶室透明开放，两个建筑互成对比。

　　办公空间由庭院和室内两部分组成，庭院内斑驳的树影洒落了满地，室内通过天窗的分布布置了三个功能区，使每个功能区都可以直观感受到自然的变化。

　　一杯清茶在手，人与物在自己舒展的空间里以松弛的节奏相处……

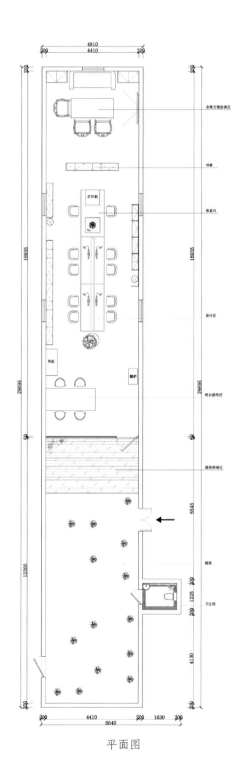

平面图

办公区大门

办公接待区

办公接待区

办公空间

办公空间

办公空间

办公空间

办公空间

会客茶室

办公空间小景　　　　　　　　　　　　　会客茶室

办公区小院

会客茶室

会客茶室夜景

河北省建筑设计研究院室内设计

将室内空间"建筑化"，尽量凸现建材本身的质朴之美

主创设计师：

耿华远

石家庄常宏建筑装饰工程有限公司 设计总监

项目简介

项目地址：石家庄市

项目面积：3763平方米

设计说明

　　河北省建筑设计研究院位于石家庄市，改建前是在四层砖混办公楼基础上采用套建技术增加至十层的生产作业楼。本次改建是将其四层砖混部分拆除重建并形成统一的结构体系。改建项目基底建筑面积780.6平方米，改建部分总建筑面积3763.4平方米，主要功能为办公、会议和展示。

　　该办公楼共四层。一层为展厅、建筑室、咖啡吧；二层为创意研发中心，三层、四层为办公区。

　　设计构想及创意具体如下。

　　传承——在材料、建筑表情上传承旧建筑特征，从而建立了可持续的建筑记忆。

　　创新——采用新材料、新工艺达到建筑节能效果，丰富的室内空间满足当下功能需求及文化特征。

　　和谐——新旧建筑表情在差异中求得和谐，符合当代审美取向。

　　整体设计风格追求将室内空间"建筑化"，尽量凸显建材本身的质朴之美，通过适度的控制，尽可能保留并强化建筑材质原生态的美，空间采用清水砖墙，清水混凝土、原色钢板、混凝土挂板等生土材料，尽量发现并保留这些材质本身的美，通过这些材料的本色出演，使整个空间沉稳大气，个性突出，形成极富设计感的空间语汇。

一层平面图

改造前首层平面

首层平面图

庭院

一层走廊

大师讲堂

一层旋转楼梯

下沉区

细节

下沉沙龙区

一层展厅

展厅效果

展厅效果

本则设计事务所

简远空灵的办公设计，以濯濯松风构建"灵的境界"

主创设计师：
梁智德
本则设计 设计总监

项目简介

项目所在地：广州市
设计机构：本则设计
项目完成时间：2018年6月

设计说明

　　2013年，本则设计于广州创办。其初心理念是：以源远流长的文化为起始，溯源、传承、创新，唤醒民族对本土文化的自信。在他看来，"虚实相生"是"灵境"的一种理想表达，真正高明的设计师，要懂得留白，像国画一样，从笔墨描摹的画面空间导向生气勃发的情意空间，创造更为深远的想象。本则设计的办公室正是这样的一个空间——融文化与自然于一室，以为数不多的意向，实现了"天地与我并生，万物与我同一"的自由境地。

　　原本则设计的办公室位于现址楼上，设计之初"本则"二字已融入整个环境之中，设计中不经意间透出的简远空灵，看似静默无痕的设计修辞，极富深味的细节和美学立意。

　　在新办公室的设计中，本则设计延续了这份初心，把庭院景观沿着内部流线渗透到空间的每一个角落之中，营造出办公室的内部"园林"，做到移步换景的效果，也从真正意义上打造出充满灵性和诗意的办公空间。

　　为了体现本则设计的发展历程，设计师将原办公室的平面布局图做成了挂墙模型。新办公室设计中，沿着一束明净的光进入黑白分明的空间，我们可一探其究竟，一睹其本源。

在这里，透过背后灯光的折射，"本则"二字投影在木墙之上，跨过旁边的这扇门，步入另一个精神境域。"本"字一横为平衡，一竖为破立，以本为则，不破不立，即本着"尊重传统，立意营造，寻求本源"的理论之源，由此入，亦由此出，抽象与具象，浑然相融。

黑色寓意浩渺无垠的星空，艺术灯象征日月星辰的光影，苔藓和碎石铺就了层峦叠嶂，夭矫蜿蜒的迎客松则指向了四季的繁茂丰硕和旺盛的生命力，一只翠鸟鸣于其中，颇有"鸟鸣春涧中"的意蕴，素雅中更添鲜活的生命气息。
办公空间排布灵动而富有节奏，黑白之间，绿植的加入形成平衡稳定的导视效果，设计师还特意营造一个舒适畅快的共享空间，恰如是：青色入眼帘，松下思方在。

在蔚为大观的中国传统建筑艺术中，本则设计取其一点——古建斗拱标准部件，以代表源远流长的传统文化的起始，这也象征着追溯本源、立意营造。

这个静逸悠远的空间，正是"灵"意无尽的审美韵致的呈现，亦是精神跟存在合一的澄清。

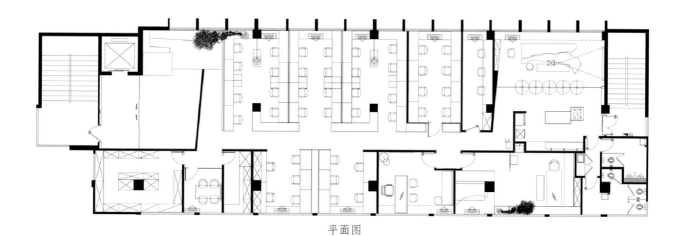

平面图

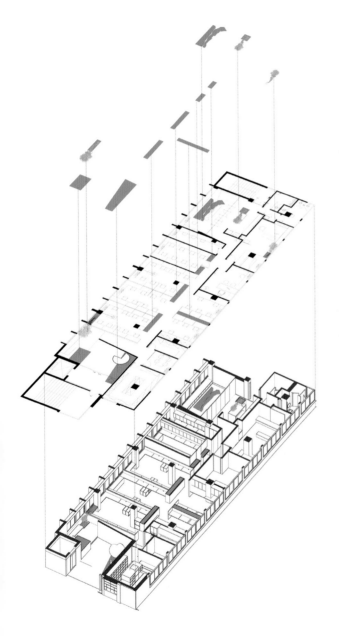

办公室现址立体平面图（绿色块代表
绿色景观布置位）

入口

本则设计原办公室

共享空间

共享空间

办公区

细节

办公区

细节

品茶区

细节

细节

细节　　　　　　　　　　细节　　　　　　　　　　如烟

AD 艾克建筑办公室

行走的感性，隐秘的力量

主创设计师：
谢培河
艾克建筑设计 创始人及总设计师

项目简介

设计机构：AD ARCHITECTURE｜艾克建筑设计

总设计师：谢培河

施工单位：艾克工程

项目地点：汕头市

建筑面积：850 平方米

主要材料：金属钢材、亚光黑漆、水泥地板、科技木饰面、透明玻璃

竣工时间：2018 年 3 月

摄影师：欧阳云

设计说明

　　无论白天或黑夜，空间带来的体验感充满无尽的可能性，我们将它视为内心所追寻感性的力量，不遗不弃。因此这一次，一直坚持摒弃过多繁复设计理念的 AD ARCHITECTURE，为了追寻这份感性，将自己的办公空间打造成了设计灵魂的栖息地。

　　AD ARCHITECTURE办公空间坐落于汕头市，一座由老厂房改造的创意园里。这些老房子见证了这座城市的起落，随着城市迅猛的发展扩张，它们逐渐被遗忘或等待重新拆建改造。当所有感性涌上心头，我们开始思考，并决定通过改造，让其重新呈现出属于它的戏码。感知空间所赋予我们的灵感，不过多去改变它，而是聆听它的诉说。在这一次设计中，尊重空间原有的意识形态，再注入新的活力，这正是我们需要去做好的事。

感知 | 原始空间的力量

在设计上，为了追求大空间所带来的尺度感，我们摒弃了过多的隔断和装饰，从材质的构成自然地延伸了原始空间与新力量的融合。黑漆饰面、水泥地板、深灰钢板强化了原始空间的意识氛围。用代表工业化的钢材、铁作为加建整体造型的材料，省略了无谓的加工和装饰。随着时间自然地锈蚀，就像试图展现力量与美的本质，尊重了每块材料的完整性和独特性。构造尽量简单而直接，无一不在诉说这空间的隐秘力量，强化凝聚了它原本的气质。

功能 | 增强形式感

在基本保留原始结构和满足办公功能使用的同时，我们在空间中增添了大胆的放空，大体是以公共办公区为核心，再分出两个戏码，注入了新的活力。分割出的一个小阁楼，增强了形式感，并通过体块穿插，让原本高挑的空间变得有趣味性，每个体块看似连贯，却又互不制约；同时，让每个空间都具备其该有的功能形式。整体区域开敞舒适，关注点在于重生的形式感，我们希望这种形式感能延续到设计师工作的状态中，开放心态，敢于走出每一步；同时也是我们希望呈现给每个来访者的空间触感。

自然 | 活力的延伸

The sun is power，建筑本身的原构造被保留下来，我们用天井和简洁的大落地窗的形式去表达人与自然的关系，阳光从半透明的天井洒向室内，在锈蚀的造型上倒映着阳光斑驳的影子，是活力的注入。简洁的大落地窗无意间成了空间对外近距离的诉说，身处其中有着惬意的感受。随着折射的光影，我们能俯仰自然所带来的力量；设计师们在这里追逐梦想，唤醒对设计的坚持，也使想象力获得了自由。在烦琐的思绪里获得一丝平静，空间不再以单纯的形式主义而存在。在保留天井采光的设计上，我们旨在创造接近完美的空间，通过天井与外界形成的对话，丰富空间的感受，也提供更多不一样的体验感。

灯光 | Less is more

灯光照明也是本次设计的重头戏码，坚持少则是多的原则，尽可能做到见光不见灯的状态。前台和办公区域的灯光照明，多是利用灯带的方式去表达。挑空区光影和造型平面形成了第二次折射，没有做作的装饰氛围，既简约又能把握空间的光感尺度。这也正是我们无论现在或未来在设计上所遵循的。

软装 | 艺术气质

我们在挑选软装上以材质简洁为基调，呼应空间，使得软装与空间有连续性，同时也体现了空间个性。小阁楼是本次装饰的着重点，不大的空间里每天都有很多的内心戏在上演。阁楼一侧偌大的人物走像，望着门外，如同暗示着来访者关于这个办公空间还有未完的探险，走近，灯光下的铁丝球又在赤裸裸地表述着对艺术的诉说，一根根铁丝交织着，就像设计师的无限思绪。结合艺术的语言去塑造一个感性又有力量的办公空间，是这一次我们所致力去做的。

1入口 　　　　 ENTRANCE
2前台接待 　　 RECEPTION
3仓库 　　　　 STORAGE
4休息室 　　　 ROOM
5休闲区 　　　 LOUNGE
6总经理办公室　 MANAGER OFFICE
7运营及商务 　 OPERATION&BUSINESS
8设计部 　　　 DESIGN DEPARTMENT
9软装部 　　　 SOFT ROOM
10物料间 　　　 MATERIAL ROOM
11洗手间 　　　 TOILET
12茶水间 　　　 PANTRY ROOM
13会议室 　　　 MEETING SPACE
14冥想空间 　　 MEDITATION SPACE
15景观阳台 　　 LANDSCAPE BALCONY

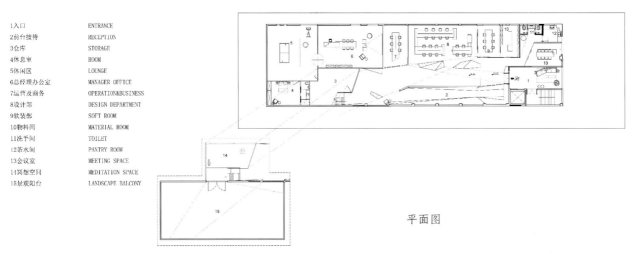

平面图

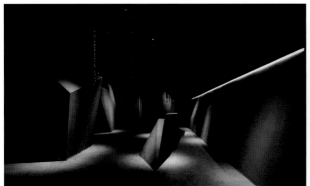

大场景

大场景

大场景　　　　　　　　　　　　　　　　公共办公区

公共办公区

大场景

公共办公区

冥想空间及楼梯

公共办公区

冥想空间及楼梯

冥想空间及楼梯

休闲区

造型中景

冥想空间及楼梯

造型中景

总经理办公室

总经理办公室

造型中景 造型中景 总经理办公室

ACE赫宸设计办公空间

一个饱含设计特质及人文关怀的工作平台

ACE® 赫宸设计

主创设计师：
栾滨
ACE赫宸设计 设计总监

项目简介

项目所在地：济南市

设计单位：ACE赫宸设计

设计说明

本空间秉承"轻量化"装饰的设计理念，以无为达到，为创意留白。用最少的装饰，最优化的布局，营造无尽可能的环境空间。

隔而不隔，界而未界。空间独立连贯又围合开放，结合我们设计工作的特质，设计上将商务接待、会议、培训、休闲、健身、娱乐做到了融合共享。多功能的复合布局满足使用需求，让空间价值实现最大化。

简约中式元素的金属化设计，新风净化PM2.5系统、热能系统、智能温控和空气调节系统，先进的会议系统诠释了智能化办公的理念，大量应用了环保材料。

平面规划设计理念：融合、共享、公开。平面图设计围绕着共享的理念来展开。大厅和会议室，二者相融。物料间、水吧、培训区三大区域隔而不隔，界而未界。员工区与管理办公室通透，体现开放民主。健身氧吧在员工区一角，员工放松愉悦。

前厅。点线面的穿插组合，给空间赋予动感。黑白灰的搭配，让大厅充满时尚的色彩。接待台的水滴造型，给予空间勇敢、坚持不懈的精神。

会议室。中轴线对称的设计，让空间有一丝庄重感。中式阵列隔断的线形光影与线形灯相互映衬，为空间增添了时尚韵味。

培训区。绿草坪、麦秸秆，像大自然梯田一样美。蓝色反光灯带，像夜空一样指引着我们寻找自己的诗与远方。ACE DESIGN 跑马灯，使得空间有了一点点娱乐色彩。

开敞办公区。开放、共享、交流的办公区，是我们设计的主线。文件柜上的那一抹绿色，让整个办公环境充满了活力与激情。仿天窗拉膜灯箱照亮了空间，洗礼了心灵。

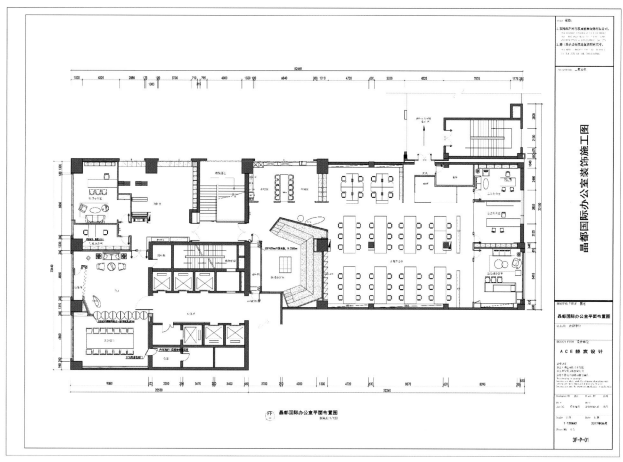

平面图

前厅

开敞办公区

走廊

走廊

头脑风暴区

高管办公室

头脑风暴区

水吧区

健身氧吧

墨非设计（深圳）工作室

以Loft后现代主义为设计核心理念，引入日本"枯山水"的表现形式

主创设计师：

莫成方

墨非设计（深圳）工作室 设计总监

项目简介

项目地址：深圳市

项目完成日期：2016年12月

项目面积：400平方米

项目总造价：16万元

材料：水泥、玻璃、风情画、电缆盘、钢管等

设计说明

墨非设计带有强烈而鲜明的个人色彩，追随社会、技术进步的节奏。

进门入口并未采用对开式，而是1/2处设计成边门，1/2处通透整块玻璃，形成橱窗设计的效果。简单的自流平水泥地面处理，墙体刷白处理。枯树、绿植左右分置，形成对比。黑色裸顶加上高大的电缆盘，凸显硬朗、粗犷的气质，电缆盘的放置点位，整体形成有序的层次纵深感。

公司铭牌是在电缆盘的粗粝木板上，用不锈钢螺钉组成公司Logo造型，闪亮的不锈钢材质与电缆盘材质形成强烈反差，视觉焦点突出，高大粗壮的电缆盘亦起到了玄关的作用。

入口左侧的枯树景观在灯光的照射下，在白色墙体上形成斑驳的树影。左侧办公室的大面积磨砂玻璃运用，受老式相机毛玻璃取景框的启发，体现艺术的原创意

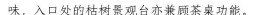

味，入口处的枯树景观台亦兼顾茶桌功能。

　　大厅的工业风，营造了一个提高工作效率的氛围，简洁的木质台面，匹配钢架，实用而不累赘。而大厅休息区做旧的皮质沙发、皮制老旧箱柜、地面原始兽皮拼接地毯，无不散发出雄性的力量，一株绿植透露出硬朗中的温柔。大厅在大面积的粗犷硬件设施氛围中，点缀局部的绿意，绿植显得尤为鲜活而珍贵，反思工业社会与自然的对立统一。

　　会议室钢架结构与玻璃组合，随心搭建，环保，省心省力，易于拆建。

　　走道利用钢架结构的钢管纵横，加上独立办公室的大面积玻璃幕墙，自然形成高效简洁的通道。灰色墙体立面，黑色裸顶，黑褐色地面，搭配点光源，指引性很强。

　　本项目设计师位置分中心区域联合办公室、独立办公室和半开放式，根据设计师职能不同而安排，形成沟通交流无障碍、工作交接有序方便的工业流水式形态，根据设计职能特点，营造办公小环境特质，该卡位以平面设计工作为主，因此，垂吊的解构金属字在光影的映照下，在墙面的白板上形成有趣的字体变化。

　　由于设计师的职业特点和个性与众不同，因此，专门设置生活区空间，放置冰箱、微波炉、咖啡机等简单实用的厨房用具。由于空间氛围的表现形式是Loft后现代工业风格，因此，在装饰物点缀方面选用了一些老物件，体现怀旧风情。

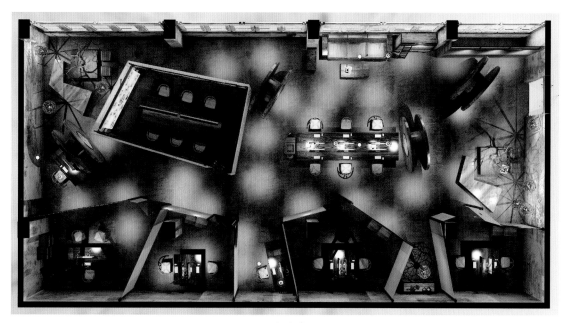

平面图

入口

入口处

入口招牌

入口左侧

大厅设计中心

大厅一隅

会议室

走道

大厅休息区

生活区

设计师位

陈列

办公室

补天——东木大凡空间设计会所

厚重的中式东方空间

李江涛

陈江波

主创设计师：
李江涛
湖南东木大凡空间设计工程有限公司 设计总监
陈江波
湖南东木大凡空间设计工程有限公司 设计总监

项目简介

项目所在地：长沙市

项目总面积：220平方米

项目总造价：110万元

主要材料：蒙娜丽莎瓷砖、饰面实木皮、金丝楠木、道县石

摄影：杜武宜

设计说明

　　本案为设计师自装办公空间，地址选在一个环境优美的高尔夫别墅楼盘，地上层一楼，工作室面积虽不大，但接待大厅、两间设计师办公室、助手办公室、物料室、财务室、会客区、厨房、卫生间基本齐全，整体设计思路比较自我，完全以设计师自己的想法，运用大山石、老木茶台、盆景、案几、木桩凳等元素营造一个厚

重的中式东方空间。

　　女娲补天，中国最早的装修行为，借助中国古老神话传说，隐喻中国当代空间设计环境，找准自己的文化脉络、民族性格，抓住最本真的自然基本元素：本案水、木、石、光影，表达当代中国的审美调性，把控自己的设计方向。

　　回到理性思考，回归自然，与自然环境建立和谐标尺。

平面图

中厅

会客接待区

前台咨询区

前台

形象墙

后厅

端景

前厅

办公室

李晓鹏设计组

禅意新中式

主创设计师：

李晓鹏

李晓鹏装饰设计工程有限公司 设计总监

项目简介

项目所在地：蚌埠市

项目总面积：116平方米

项目总造价：40万元

设计说明

从业20多年，终于有机会当"甲方"。本案是自己公司的新办公室，作为设计人，20年来始终喜欢中国文化，想在自己的办公室里体现自己的喜好！

办公室根据公司的自身特点做了三个区域：洽谈会客办公室、开放式设计师工作区和一个财务后勤区。

对办公室的定义是简单的安静的工作空间。先从名字说起，我们从明代汲古阁刻本里找到"李晓鹏设计组"这几个字，通过几次托裱、转刻、修饰断笔，看似简单，其实里面包含了对设计的认识和学习设计的理解。

易经里的有和无、阴和阳、乾坤，按现在的说法就是零和壹，在办公室和设计室之间的隔墙，采用了壹和零的关系：透明玻璃的圆窗代表零、三米高的玻璃门代表壹，设计桌北边墙上三米的正方形和隔墙上的圆，对应中国人的理想——"天圆地方"。

本案墙面主要采用欧松板修边饰面，外喷灰色漆，在一些视线内采用老榆木木格栅作为点缀，让工作的人感到温暖。办公室里所有的字都是当地一位很有影响力的已故书法家晚年的墨宝，还有些当代艺术界知名的艺术家的原创作品。

　　一石（灵璧石）、一木（崖柏）、一树（真柏）、一本书、一杯茶、一首歌、一下午，这就是设计人的生活。

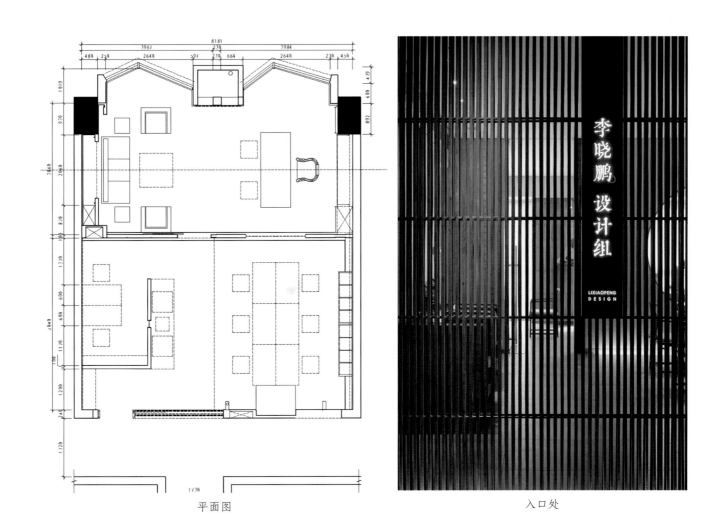

平面图　　　　　　　　　　　　　　　　　　入口处

入口处

会客办公区

会客办公区

会客办公区

会客办公区

会客办公区　　　　　　　　会客办公区入口　　　　　　　　设计师工作区

设计师工作区

后记

"最"，极致之意，"最设计"意味着对设计品质的追求，对设计情怀的坚守，对设计新思路的探索。

不管是朝九晚五的庸常，还是日日加班的奋力拼搏，很多人的一生都将有漫长的时光在办公室里度过。按照马斯洛的需求层次理论，人类在最基本的生理和安全需求得到满足后，必然会转而追求更高层次的感情、尊重和自我实现等需求。办公空间作为物质生活已经极为丰富的现代人日常活动最主要场地，自然也被寄予了更高期望。

而对于企业而言，办公空间是企业品牌形象的直接表现，也是文化底蕴和实力的载体。现代的办公环境，早已不再是一桌一椅，它需要有更现代时尚的外观、更新颖的空间形式、更多样化的个性表达、更丰富的精神内涵以及对员工的人文关怀、对企业文化理念的阐述。

看上去相似的空间与人，而设计能带来的，可能是全然不同的新的人与空间的关系，新的生产效率，新的公司文化。怎样的办公空间形式更适合当下，更适合业主，也更有活力、更有成长性和可能性？这是当下的设计师需要共同面对的课题。

本书选取了近两年的46个办公空间设计经典案例，力求涵盖目前比较主流的办公空间类型，其中有：

去掉边界——探讨新时代办公方式（12例）

所选作品多为腾讯、神州优车、十月初五等大型互联网公司的办公空间，体现出设计师们对创意办公环境的独特思考。办公空间不再仅仅是几张桌子、几台电脑，而是处处弥漫现代、轻松、时尚、和谐、活力十足的氛围。当办公空间没有太多的区域界定，去掉过于硬朗的造型，也许每个身处其中的人，都能找到安放心情的地方。

回归本真——反思建筑本初质感 （20例）

传统韵味的庭院空间、绿色生态的设计策略、内敛典雅的建筑形态、高效经济的科研功能，这些最质朴的呈现或许才是建筑最本真的样子。

关注自我——设计自己的办公空间 （14例）

"自己的工作室"，对于任何一个设计师来说，都是既自由又充满挑战的一个命题。看设计师如何做自己的"甲方"，利用质朴的材料表达丰富的情感，于细节之处体现巧思，为自己创造出与众不同的空间。

本书作品多选自中国建筑装饰协会指导，深圳市福田区区委、福田区人民政府特别支持的中国国际空间设计大赛的获奖作品，特此致谢！

感谢提供作品的各位设计师的倾情分享！

本书由陈韦统稿，刘娜静、丁艳艳、毕知语、李胜军、李艳、李二庆、张超、饶力维等在与设计师的沟通以及稿件的筛选、整理等方面也做了很多工作。

北京林业大学硕士生导师耿涛以及湖南工业大学教授吴魁作为特邀编委参与了本书审稿。

希望此书能够透过办公空间经典设计案例之窗，窥见中国办公空间设计发展的现状和成果，成为行业从业人员的借鉴图册。

编委
2019 年 2 月